山东省现代农业产业技术体系
山东省农业重大应用技术创新项目 资助

加工型辣椒
绿色高产高效生产技术

贺洪军 主编

中国农业科学技术出版社

图书在版编目（CIP）数据

加工型辣椒绿色高产高效生产技术 / 贺洪军主编 . —北京：中国农业科学技术出版社，2015. 9

ISBN 978 - 7 - 5116 - 2249 - 5

Ⅰ. ①加… Ⅱ. ①贺… Ⅲ. ①辣椒 - 蔬菜园艺 - 无污染技术 Ⅳ. ①S641. 3

中国版本图书馆 CIP 数据核字（2015）第 206054 号

责任编辑 崔改泵 黄家章
责任校对 李向荣

出 版 者 中国农业科学技术出版社
北京市中关村南大街 12 号 邮编：100081
电 话 (010)82109194(编辑室) (010)82109702(发行部)
(010)82109709(读者服务部)
传 真 (010)82106650
网 址 http://www. castp. cn
经 销 者 各地新华书店
印 刷 者 北京富泰印刷有限责任公司
开 本 880mm ×1 230mm 1/32
印 张 6. 625 彩插 6 面
字 数 172 千字
版 次 2015 年 9 月第 1 版 2017 年 3 月第 2 次印刷
定 价 35. 00 元

《加工型辣椒绿色高产高效生产技术》

编　委　会

主　编　贺洪军

编　者　张自坤　谭月强　李　华　甘延东
王静静　李腾飞　张洪勇

前　言

辣椒是深受人们喜爱的重要蔬菜。在全球温带、热带、亚热带地区均有种植，据统计，全世界食辣人口超过30亿。辣椒是世界上仅次于豆类、番茄的第三大蔬菜作物，在我国，辣椒是仅次于大白菜的第二大蔬菜作物。辣椒种类众多，品种丰富。加工型辣椒是指辣椒家族中辣味较浓、色泽鲜红、鲜黄或深红、果实后期脱水快，用以加工辣椒制成品或调味品，而非直接鲜食或炒食的一类。

辣椒用途广泛，不仅可作为蔬菜直接食用，更是调味佳品和重要的天然色素、制药原料和其他工业原料。辣椒及其系列加工制成品是我国大宗出口农产品。辣椒具有重要的食疗保健作用。根据传统中医理论，辣椒味辛、性热，入心、脾后有温中驱寒，开胃消食的功效。主治寒滞酸痛、呕吐、泻痢、冻疮、脾胃虚寒、伤风感冒等症。现代医学研究证明，辣椒具有解热镇痛、降脂减肥、帮助消化、促进血液循环等作用。特别是干鲜两用的加工型辣椒因富含辣椒红素和各种维生素等，以其独特的辛辣芳香和对人体的营养保健功能，赢得了世界上越来越多的人的青睐，需求量迅速增加，其精深加工产品供不应求。

辣椒的适应性广，在我国大部分地区均能种植。我国辣椒种植面积占全球辣椒面积的35%，产量占到45%以上。我国辣椒生产对世界辣椒生产和供应起着举足轻重的作用。加工型辣椒具有栽培形式多样、栽培管理技术较易掌握、市场需求量大、比较效益高等特点，因而各地广泛种植。发展加工型辣椒已成为国内不少地区的主导产业和农民增收致富的重要途径。随着辣椒产业的迅速发展，各地菜农迫切需要学习、了解国内辣椒方面的新品种、新成果以及绿色高产高效生产技术。

本书由山东省现代农业产业技术体系蔬菜创新团队出口加工蔬菜遗传育种岗位专家贺洪军研究员领衔的辣椒研究团队集体编著，主要针对加工型辣椒产业发展需求，在认真总结本团队自身科研成果的基础上，广泛吸收国内外加工型辣椒方面的最新成果和先进经验，加以优化组装和集成。全面系统地介绍了加工型辣椒的特征特性、优良品种、育苗技术、高产栽培技术、立体种植技术、精深加工技术、病虫害绿色防控技术等，许多内容是国内同类书中涉及较少或尚未涉及的。

本书在编写时注重技术的先进性和实用性，文字通俗简练，具有针对性强、重点突出、内容全面、技术系统等特点，可作为广大菜农和家庭农场、产业园区以及县乡农技人员的生产用书，也可作为农业院校师生及农业科研单位的参考书。在成书过程中，笔者引用了散见于国内外报刊上的部分文献资料，因体例所限，难以一一列举，在此谨对原作者表示谢意。我国地域辽阔，各地生产条件和种植习惯也不尽相同，对本书所介绍的相关技术，各地应因地制宜，借鉴创新，不断优化和提高。

由于作者水平所限，书中错误和疏漏不当之处在所难免，敬请专家、读者斧正。

编　者

2015 年 6 月

目　　录

一、概述 …………………………………………………（1）
（一）辣椒的经济价值与栽培意义 ………………………（1）
（二）国内外辣椒产业发展现状及趋势 …………………（6）
二、辣椒的生物学特性 ……………………………………（17）
（一）植物学性状 …………………………………………（17）
（二）辣椒对环境条件的要求 ……………………………（22）
（三）辣椒的生长发育周期 ………………………………（28）
三、加工型辣椒品种介绍 …………………………………（34）
（一）尖椒类型 ……………………………………………（34）
（二）线椒类型 ……………………………………………（47）
（三）朝天椒类型 …………………………………………（64）
四、育苗技术 ………………………………………………（78）
（一）小型苗床育苗 ………………………………………（78）
（二）工厂化育苗 …………………………………………（93）
（三）苗情诊断 ……………………………………………（98）
五、栽培技术 ………………………………………………（105）
（一）高产栽培技术 ………………………………………（105）
（二）立体种植技术 ………………………………………（115）
六、病虫害绿色防控技术 …………………………………（138）
（一）主要虫害及防治 ……………………………………（138）
（二）主要病害及防治 ……………………………………（159）

七、辣椒系列加工技术 ………………………… (182)
(一) 辣椒初级加工 ………………………… (182)
(二) 辣椒精深加工 ………………………… (186)
附录 ………………………… (191)
干椒中辣椒红色素快速提取与测定标准 ………… (191)
红干椒中辣椒素快速提取与测定标准 ………… (194)

一、概　述

（一）辣椒的经济价值与栽培意义

辣椒（*Capsicum frutescens* L.）又名番椒、海椒、辣子、辣角、辣茄等，属茄科（Solanaceae）辣椒属（*Capsicum*）。加工型辣椒，是指辣椒家族中辣味较浓、色泽鲜红、鲜黄或深红、果实后期脱水快、用以加工辣椒制成品或调味品，而非直接鲜食或炒食的一类。辣椒原产于中南美洲热带地区，15～16世纪开始传播于世界，明朝末年（17世纪）传入中国。辣椒适应性广，现已成为世界上仅次于豆类、番茄的第三大蔬菜作物，在全球温带、热带、亚热带地区均有种植。全球种植辣椒的国家约有130个，但由于自然环境、气候条件、生产方式、消费习惯等因素的影响，辣椒生产主要集中在亚洲、欧洲和北美地区。目前，世界上著名的辣椒产地有中国、印度、美国、印度尼西亚、西班牙、墨西哥、智利、摩洛哥、津巴布韦等，而且栽培分布最多的地区明显连成了一片，成为一条又长又粗的“辣椒带”，东起亚洲朝鲜、经我国中南部地区，向南经泰国到印度尼西亚、向西经缅甸、孟加拉国、印度、西亚诸国、非洲北部国家到大西洋东岸诸国。在这条辣椒带上，各国居民大多喜食辣椒，也是世界有名的“辣椒食用带”。辣椒在我国是仅次于大白菜的第二大蔬菜作物。

辣椒的用途很广，不仅可鲜食、加工成食品，还可以做调料品和医药化工、军工等方面的原料。特别是干鲜两用的加工型辣椒以独特的辛辣芳香的诱人刺激和对人体的营养保健功能，赢得了世界上越来越多的人的青睐，比如，吃腻了甜酸味的西方人士，为了寻求味蕾的刺激，也越来越喜爱和欣赏辣椒美食，一股新的“辣味热”在国际饮食界悄然兴起，红艳光鲜的辣椒在人类的餐桌上占尽风流。中国随着20世纪90年代的“川菜北进”，辣味菜迅速风靡全国，在北方各地几乎形成了“无辣不成席”的现象，红红火火的辣椒深刻地改变了人们的饮食方式和习惯。

1. 辣椒的营养及食用价值

辣椒营养丰富。辣椒特别是红辣椒富含维生素C和维生素E以及胡萝卜素、类胡萝卜素、维生素A，红辣椒中含有植物性化学物质番辣椒素、辣椒红素、碳水化合物、矿物质等，尤其以维生素C含量高居各类蔬菜榜首。

根据营养专家测定，每百克红辣椒中含热量32千卡，蛋白质1.3克，脂肪0.4克，碳水化合物8.9克，膳食纤维3.2克，维生素A 232毫克，维生素C 144毫克，维生素E 0.44毫克，胡萝卜素1 390微克，硫胺素0.03毫克，核黄素0.06毫克、钙37毫克、磷95毫克、镁16毫克、铁1.4毫克、锌0.3毫克、硒1.9微克、钾222毫克等。

辣椒具有重要的食疗保健作用。根据传统中医理论，辣椒味辛、性热，入心、脾后有温中散寒，开胃消食的功效。主治寒滞酸痛、呕吐、泻痢、冻疮、脾胃虚寒、伤风感冒等症。据现代医学研究证明，辣椒具有以下作用。

（1）解热、镇痛。辣椒辛温，能够通过发汗而降低体温，并缓解肌肉疼痛，因此，具有较强的解热镇痛作用。辣椒还可以使呼吸道畅通，用以治疗咳嗽、感冒。辣椒含有丰富的维生素等，食用辣椒，能增加饭量，增强体力。辣椒含有一种特殊物质，能加速新陈代谢，促进荷尔蒙分泌，保健皮肤。富含维生素C，可以控制心脏病及冠状动脉硬化，降低胆固醇。含有较多抗氧化物质，可预防癌症及其他慢性疾病，可以使呼吸道通畅，用以治疗咳嗽、感冒。辣椒还能抑杀胃腹内的寄生虫等。

（2）促进血液循环。辣椒的辣味刺激舌头、嘴的神经末梢，会引起心跳加速，从而促进血液循环，因而可以改善人们特别是女性怕冷、冻伤、血管性头痛等症状，又能增进脑细胞活性，有助延缓衰老，舒缓多种疾病。

（3）增进食欲，帮助消化。辣椒强烈的香辣味能刺激唾液和胃液的分泌，增加食欲，促进肠道蠕动，帮助消化。

（4）降脂减肥。辣椒所含的辣椒素，能够促进脂肪的新陈代谢，防止体内脂肪积存，有利于降脂减肥，预防因肥胖导致的其他疾病的发生几率。同时常食辣椒可降低血脂，减少血栓形成，对心血管系统疾病有一定预防作用。

（5）预防癌症。辣椒的有效成分辣味素是一种抗氧化物质，它可以阻止有关细胞的新陈代谢，从而终止细胞组织的癌变过程，降低癌症细胞的发生率。

但是，凡事都有两面性。不是所有的人都可以食用辣椒，由于过多食用辣椒特别是高辣度的辛辣型辣椒会剧烈刺激胃肠黏膜，可引起胃痛、腹泻并使肛门烧灼刺疼，诱发胃肠疾病，促使痔疮出血，因此，胃及十二指肠溃疡、痔疮患者应慎食辣椒，一般人群食用辣椒也应以微辣至中辣型辣椒为主。

2. 辣椒的经济价值

辣椒是一种重要的蔬菜和经济作物，在我国大部分地区均能种植。因其具有栽培形式多样、栽培管理技术较易掌握，比较效益高等特点，因而各地广泛种植。加上辣椒用途日益拓展，辣椒加工业发展迅速，辣椒及其系列加工产品已成为重要的外贸出口产品。因此，大力发展辣椒生产对于丰富人们的食物结构，促进农业种植结构调整，加快辣椒精深加工产业发展，增加农民收入都具有重要意义。

(1) 辣椒种植效益较高。我国常年辣椒种植面积在130万公顷左右，干辣椒种植面积40多万公顷，其中，种植面积超过7万公顷的省份有6个，如贵州、湖南、江西、河北、山东、新疆、云南等，其中，贵州的遵义县、河北的鸡泽县和望都县、湖南的湘西、云南的丘北县、江西的永丰县、山东的武城县和金乡县，辣椒均已成为当地的主要支柱产业。

辣椒产量较高，鲜食红辣椒一般单产2 000～3 000千克，干制辣椒单产200～400千克，根据近5年的干、鲜辣椒市场价格分析，每667平方米辣椒收入均在4 000元以上，是同期收获粮食作物产值的1.5～2倍，是棉花产值的2倍以上。辣椒又是适于间作套种的作物，辣椒可以通过育苗移栽，与小麦、玉米、大蒜、洋葱等作物进行间作或套作，在基本不影响辣椒产量的情况下，可多种一季粮食或蔬菜，实现粮菜双扩双增。各地在生产实践中都摸索出了不少好的立体高效种植模式，如山东省德州市农业科学研究院在山东武城县研究开发了“小麦—辣椒—玉米”“4－4－1”模式，即秋种4行小麦，预留0.9米空行，5月上旬移栽2行辣椒，小麦收获后贴茬种植1行玉米，这种模式比单种辣椒可增收粮食800～900千克，比单种粮食增收3 000元以上。另外，山东省金乡县示范推广“大蒜—辣椒”种植模式，4月下旬至5月上旬在大蒜行间移栽辣椒，大蒜及辣椒密度均与单作相同，一年二作二收，每667平方米收入超过万元。这些立体种植模式的推广应用，充分利用了光、热、水、气等自然资源，大大提高了土地利用率，提高了复种指数，促进了农民收入的提高和辣椒产业的持续健康发展。

(2) 辣椒是重要的工业原料。辣椒不仅是蔬菜，更是调味佳品和重要的天然色素、制药原料和其他工业原料。辣椒粉、辣椒油及其他辣椒制品是我国传统的加工产品。目前，我国辣椒加工企业数以千计，规模较大的有200多家，通过干制、油制、腌制、制酱、泡制等方法，开发了油辣椒、剁辣椒、辣椒酱、辣椒油等200多个品种，辣椒系列加工制品表现出了强劲的发展势头，成为食品行业增幅最快的门类之一，有力促进了我国辣椒产业的发展，涌现出了不少国内外知名的辣椒品牌，例如，“老干妈”“老干爹”“英潮”“坛坛香”“辣妹子”等，其中，贵州省贵阳南明老干妈风味食品有限公司生产的“老干妈”系列辣椒调味品和山东省武城县中椒英潮辣业发展有限公司生产的鲜椒酱及系列辣椒加工品，作为国内辣椒加工产业的“南北双雄”，两家公司的产品畅销国内20多个省区市，并出口美国、日本、韩国、俄罗斯及东南亚等40多个国家，年产值均超过15亿元。

辣椒果实中含有辣椒素、辣椒碱、辣椒色素、辣椒红素、辣椒玉红素等维持人体正常生理机能和增强人体抗性和活动的多种化学物质，对人类多种疾病有一定的疗效，近几年辣椒素在药理研究方面的进展较快，辣椒已成为重要的制药原料。辣椒素是辣味之源，低浓度的产品形式如辣椒精、辣素作为食品添加剂已广泛应用于食品工业中。国际上对辣椒色素的加工开发利用高度重视，并且取得巨大进展。国内外研究一直认为，辣椒红素、辣椒玉红素具有营养保健功能，又是对人体有益的天然植物色素。特别是辣椒红素色泽鲜艳，色调多样，着色力强，稳定性好，对人体无任何副作用。它相对于用化学方法合成的人工色素具有天然、无毒、无害、无任何气味的优越性，其显色强度是其他色素的10倍，是目前国际上公认的最好的红色素。另外，辣椒红素还是医药中药片糖衣、胶囊及高级化妆品的重要色素，已被美国、英国、日本、FAO、WHO、EEC、中国等国家和组织审定为可不受限制使用的天然食品添加剂，其国际市场十分紧俏。以色价150E辣椒红色素为例，目前市场价格为每千克160～165元，折合每吨16万元。而高色价、高纯度产品价格更高，吨价可达数百万元。近几年来，辣椒红素销售量逐年上升，年增长率一直保持在10%以上。我国辣椒红素年产量200吨左右，但由于工艺相对落后、产品质量不高、出口规模较小，经济效益不理想，而日本、美国、英国、加拿大等国都在大力开发辣椒红素，并在该领域处于世界领先地位。

（3）辣椒是大宗的出口农产品。全球辣椒和辣椒制品多达1 000余种，其贸易量超过咖啡与茶叶，交易额达300多亿美元。在辣椒深加工方面，由于开发力度不够，产品供不应求，例如，辣椒红色素、辣椒碱等，与市场的实际需求量相比，存在很大缺口。

我国是世界辣椒出口第一大国，约占世界出口总量的35%～40%。我国主要出口产品为鲜椒、干椒（椒段、椒片）、辣椒粉、辣椒油、辣椒酱、辣椒罐头等。其中，“身体细长、皱纹密细、色泽鲜红、品位佳美”，被国际上誉为“椒中之王”的陕西线辣椒出口量最大。另外，四川的“二金条”、山东的益都红和英潮红、湖南邵阳的宝庆朝天椒、河北的鸡泽辣椒，均以优良的品质、独特的风味驰名海外。特别是近年来，韩国在我国山东、东北三省大量收购红辣椒，回国后加工或与我国企业联合进行产品加工后运回国内销售表现最为突出。

（二）国内外辣椒产业发展现状及趋势

1. 世界辣椒产业发展现状

全世界辣椒发展历史悠久，不同地区的人们都有食辣习性，当今世界食辣已成为一种潮流。据统计，全世界食辣人口已超过30亿。全世界辣椒生产分布不均匀，其中亚洲占据优势地位，印度和中国是世界上辣椒生产大国，两国辣椒种植面积和产量占世界的3/4左右。除中国、印度外，东盟各国辣椒产业也具有一定的规模，而日本、韩国虽栽培面积不大，但生产水平较高，单产居世界领先水平。下面将世界主要辣椒生产国家和地区的辣椒生产现状做简要介绍。

（1）印度。印度是全球最大的辣椒种植国，其辣椒种植面积占全球的45%，但印度辣椒生产水平不高，辣椒产量只相当于全球辣椒总产量的25%。按干椒计算，单位面积产量仅为1.112吨/公顷，其中，红椒仅1吨/公顷，大大低于美国、中国、韩国、中国台湾等地2~3吨/公顷的产量水平。印度辣椒主产区在Andhra pradest等邦，其种植面积约占全印度辣椒种植面积的85%左右，产量约占90%。印度辣椒中约30%是辛辣品种，在栽培的辣椒品种中地方品种占60%，杂交品种不足3%。印度辣椒自20世纪初就有出口，但规模不大，在1995年以前，印度辣椒年出口量一直低于5万吨，近几年则不断增加，占到全球辣椒出口量的10%左右。印度辣椒主要出口国是美国、马来西亚、孟加拉国、斯里兰卡、尼泊尔、印度尼西亚、巴基斯坦和阿联酋等，欧盟也是其出口对象之一。除全辣椒出口外，近年印度的辣椒制品例如辣椒粉、辣椒糊、辣椒籽等出口也有所增加，目前，辣椒制品年出口量在3万吨以上。同时，印度还是世界上最大的辣椒红色素生产国和出口国，年产辣椒红色素（混合色价）约1 300吨，占世界辣椒红色素产量的50%左右，年出口量约200吨，主要出口美国、英国、法国、新加坡、马来西亚、印度尼西亚、日本、韩国等。

（2）美国。美国是世界上主要的辣椒生产国之一，除阿拉斯加以外的所有州都有辣椒种植。其中南部州产量最大，新墨西哥州生产的辣椒占美国辣椒总量的39%，其中70%左右被指定用于罐装、干制或冷冻处理。美国的辣椒产量近年来一直稳定在 27 万 ~30 万吨。美国辣椒加工业较为发达。辣椒加工制品主要有辣椒酱、辣椒粉、干辣椒片等，多达 100 多种。同时，美国还是辣椒红色素的最大生产国和需求国之一，因此，对红辣椒的需求量较大，本土生产能力远远不能满足生产需求，每年需要从墨西哥等国家大量进口辣椒。

（3）墨西哥。墨西哥是辣椒的起源地之一，因而栽培历史悠久，品种资源较为丰富，由于气候、土壤和生态环境不同，墨西哥辣椒绚丽多彩、形态各异，本地辣椒品种多达数百种。在墨西哥，辣椒的地位仅次于玉米。长期以来，辣椒是墨西哥的主要出口农产品，是全球辣椒主要出口国之一。由于墨西哥在北美自由贸易区内，拥有关税和成本等优势，因而在加拿大和美国市场占有率较大。在美国新鲜红辣椒市场上，有 99% 的产品是从墨西哥进口的。墨西哥辣椒品种繁多，质量上乘，但近年来辣椒产量却大幅下降，辣椒产业发展陷入尴尬境地。由于墨西哥农业经济结构尚不完善，农业生产方式落后，生产率低下，因而在经济全球化浪潮下，产品竞争力下降，面对国际市场其他国家辣椒低价产品的竞争，墨西哥农民不得不逐年缩小辣椒种植面积，据统计，在过去十余年中，墨西哥辣椒种植面积从 17 万公顷减少到约 14 万公顷。为满足国内辣椒市场需求和辣椒出口的需要，墨西哥每年要进口大量的辣椒，其中，有 1/3 从中国进口，还有很大部分来自印度和秘鲁。在辣椒加工方面，墨西哥主要的辣椒制品有墨西哥人日常饮食中必备的泡椒、辣椒酱等。

（4）非洲。非洲是全球第二大辣椒生产和食用大洲，其辣椒产地主要集中于摩洛哥、南非、津巴布韦等国家。其中，摩洛哥是非洲著名的辣椒产地，由于地处热带，自然气候条件非常适于辣椒的生长，而且该国从事农业的人口多，辣椒生产有精耕细作的传统。长期以来，辣椒是摩洛哥最重要的农产品和出口产品之一。摩洛哥常年辣椒种植面积 2 300 ~ 2 500 公顷，产量20多万吨。由于地缘优势和产品质量较好，摩洛哥辣椒主要出口法国、西班牙、德国、匈牙利和斯洛文尼亚等，其中，法国和西班牙占摩洛哥全部辣椒出口量的80%以上，此外，摩洛哥辣椒也有少量出口到美国市场。作为生产辣椒红色素的初级原料，甜红椒在非洲也有一定的种植规模，主要分布于南部非洲国家。在这些国家，由于灌溉条件良好、土地资源丰富、人力成本较低，在非洲银行和其他欧洲公司的推动下，甜红椒种植面积不断扩大，市场竞争力不断增强，其中，南非和津巴布韦种植面积较大，而且南非已成为南部非洲的甜红椒集散地，周边国家如津巴布韦、莫桑比克等都通过南非出口甜红干椒。津巴布韦在发展甜红椒上成绩卓著，干椒产量达1.8万~2万吨，成为南部非洲甜红椒出口最大的国家。

随着全球食辣人群不断扩大和辣椒精深加工产品用途日益拓展、功能不断深化，国际辣椒市场需求不断增加，辣椒产业在过去十几年间快速发展，并将进一步发展壮大。根据近年来辣椒产业发展情况，未来国际辣椒产业将会呈现以下发展趋势。第一，辣椒生产重心将进一步向发展中国家转移。由于受土地资源、生产成本等因素的影响，发达国家辣椒种植面积会逐渐缩减。为满足辣椒消费及深加工的需要，发达国家将进一步提高进口辣椒特别是加工专用型干红辣椒的数量和比重。因此，亚洲、非洲作为辣椒主产区的发展格局将进一步巩固，而作为世界上最大的辣椒消费区域的亚洲，特别是中国、印度，辣椒产量和出口量仍将占据全球辣椒总量的绝大多数份额。第二，发达国家将进一步加大辣椒深加工产品的开发利用力度。随着人们对健康、安全食品需求的不断增加，辣椒在食品、医疗、美容等方面功能进一步拓展，发达国家对辣椒深加工产品如辣椒红色素、辣椒碱等的需求量会保持持续增长的势头，在从发展中国家进口辣椒深加工产品的同时，也会进一步加大辣椒深加工产品的研究及开发利用力度。同时，发展中国家也会进一步依托自身资源优势，大力加强辣椒深加工产品的研发，从而增加辣椒产业发展效益。第三，加工专用型辣椒种植规模会进一步扩大。由于辣椒深加工产品需求及开发力度不断加大的带动，在辣椒产业发展中，除传统的辣椒生产如菜椒、兼用型辣椒会继续有所增长外，作为辣椒深加工原料的加工专用型干红辣椒种植面积将会保持较快增长，如用于提取辣椒红色素、辣椒碱的专用品种等。第四，围绕辣椒育种、辣椒功能扩展等方面的研究将进一步深入。随着辣椒产业的不断发展，辣椒育种将引起有关国家的高度重视，一些高产、优质、抗病及加工专用品种会不断涌现出来。同时，围绕辣椒功能拓展方面的深化研究也会继续引起各个国家特别是发达国家的重视。

2. 我国辣椒产业的发展

我国是世界辣椒生产及消费量最大的国家。据不完全统计，2000 年以来，我国常年辣椒种植面积在 125 万 ~140 万公顷之间，总产量3 000 万 ~3 500万吨。其中，种植面积占全球辣椒面积的 35%，产量占到 45% 以上。我国辣椒生产对世界辣椒生产和供应有着举足轻重的影响。

（1）辣椒生产发展状况。自辣椒传入我国以后，迅速在各地生根，种植面积不断扩大。进入 20 世纪 90 年代，在辣椒及其加工制品市场需求不断增长的背景下，我国辣椒产业发展迅速，并呈现出基地化、规模化和区域化等特点，发展速度大大高于全球平均水平。据资料显示，1991 年以来，全球辣椒种植面积和总产量分别以每年 2% 和 4. 5% 左右的速度递增，我国则以每年 7. 5% 和 9. 5% 左右的速度增长。目前，辣椒在我国种植面积稳定在 130 万公顷以上，已成为我国仅次于大白菜的第二大蔬菜作物。

从生产区域看，我国传统辣椒产地主要分布在陕西、贵州、四川、湖南、河南等省，同时这些地区又是我国辣椒消费量较大的区域。在过去的20多年间，各地依托自身资源优势，大力推进农业产业结构调整，辣椒作为多个地区的主导产业得以迅速发展。据统计，目前，我国有160多个县市，如贵州省遵义县和绥阳县、河北省鸡泽县和望都县、湖南省湘西自治州、云南省丘北县、陕西省宝鸡市、江西省永丰县等都将辣椒作为重要的特色农产品。在这些地区，还涌现出了一系列地理标志产品和地域性特色辣椒品种，如邱北辣椒、鸡泽辣椒、望都椒、绥阳朝天椒、宝鸡线椒、益都红、天鹰椒、牛角王、三樱椒等。

随着北方辣椒产业的崛起，传统的辣椒主产区发展格局也在悄然发生变化，山东、新疆和内蒙古等省区辣椒种植面积不断扩大，传统辣椒主产区的生产竞争力有所削弱。长期以来，作为我国辣椒生产和消费大省的湖南，由于气候潮湿、土地资源少，大部分土地土质较差，辣椒容易发生病变，产量水平低而不稳，与北方相比差距较大，近几年辣椒种植规模有逐年缩减的趋势，因此，湖南省每年从外省调入大量辣椒，以满足当地居民消费和加工业快速发展的需要。其中，调入的辣椒绝大部分以干椒和干鲜两用辣椒为主。

（2）辣椒加工业发展状况。近年来，在辣椒生产的带动下，我国辣椒加工产业迅速发展，辣椒加工企业不断涌现，全国规模较大的企业有200多家，并开发出油辣椒、剁辣椒、辣椒酱、辣椒油等200多个品种。辣椒系列加工制品表现出强劲的发展势头，成为食品行业中增幅最快的门类之一，同时，涌现出了不少国内外知名的辣椒品牌，如“老干妈”“老干爹”“英潮”“乡下妹”“坛坛香”“辣妹子”等。

在辣椒制品加工方面，贵州、湖南起步较早，优势较为突出，尤其是贵州，充分依托当地辣椒品质优良、生产规模大的优势，大力发展辣椒制品加工业，形成了以“老干妈”“老干爹”“天阳天”“乡里香”等为骨干的辣椒食品加工企业群体，主要生产油辣椒、发酵辣椒和辣椒风味食品等产品，竞争优势强，在国内外占有较大的市场份额，销往国内各主要城市，并出口到美国、德国、日本等多个国家和地区。近年来，在国内其他辣椒主产区，辣椒加工业受到高度重视，也建立了不少辣椒加工制品企业，如山东武城县，以中椒英潮辣业发展有限公司为龙头，在辣椒精深加工上寻求突破，在生产鲜椒酱、辣椒粉、速冻辣椒等产品的同时，以辣椒红色素、辣椒素、辣椒碱等为主打产品，产品出口到韩国、日本、东南亚等国家和地区，在国内迅速崛起，大有后来居上之势。贵州和湖南等省以辣椒初级加工为主的辣椒加工业受到越来越大的挑战。国内辣椒深加工企业的不断发展壮大，将为推动我国辣椒产业进一步转型升级、提高国际市场占有率和产品竞争力奠定良好的基础。

（3）辣椒育种发展状况。优良的品种是辣椒产业发展的基础。长期以来，我国加工型辣椒生产多以地方品种为主，如湖南的“宝庆朝天椒”、陕西的“线椒”、山东的“益都红”、河北的“望都椒”等。随着生产的发展特别是辣椒加工业及国际市场需求的变化，对辣椒品种提出了新的更高要求，也为辣椒育种工作者提出了新的课题。近年来，国内各辣椒主产区、农业科研单位及高等农业院校，面向生产搞科研，加大了辣椒育种攻关的力度，选育出了众多优质、高产、抗病、色素含量高的辣椒新品种，对辣椒产业的发展起到了重要的推动作用。辣椒育种水平以湖南、陕西两省最为突出。湖南省具有丰富的辣椒种质资源和雄厚的育种、栽培研究基础，并成立有专门的辣椒研究所，以湘研系列辣椒为代表的辣椒科研和开发利用在全国乃至世界都有较大的影响，是世界上最大的辣椒良种生产供应基地。近年来，为推动当地辣椒产业的发展，陕西省和山东省辣椒育种工作进展也十分迅速。陕西省宝鸡市从匈牙利、加拿大等国家引进高色素辣椒种质资源，开展高色素辣椒和彩椒育种，育成了陕椒 2001、陕椒 2003 和陕椒 168 等。山东省青岛农业大学、德州市农业科学研究院等从韩国、以色列、印度引入大量优良辣椒种质，利用雄性不育系及三系配套育种方法，先后育成了“干椒 3 号”“干椒 6 号”“英潮红 4 号”“干椒 0409”“德红 1 号”等干制色素辣椒新品种，在山东、河北、新疆、内蒙古等省区得到较大面积推广应用。

（4）辣椒产业发展面临的问题。我国辣椒产业在快速发展的同时，也面临着不少问题。主要表现在：第一，辣椒生产技术含量不高。育种进展缓慢，辣椒主产区长期应用的地方优良品种对提纯复壮重视不够，种性退化，抗病性下降、产量降低；辣椒产区部分常规品种群众自留种现象较为普遍，不少商品种子也是种子经销商或辣椒加工企业进行辣椒加工后的副产品，种子质量不高；辣椒品种单一，适合辣椒深加工，可作为化工、医药、保健食品原料的专用品种，如高色素品种、高辣椒碱品种等非常缺乏，制约了辣椒功能的开发和利用；辣椒种子产业化经营水平低，种子企业数量多，但规模小，种子质量保证体系不够完善。从栽培技术角度来看，辣椒栽培新技术应用缓慢，管理粗放，一家一户小规模分散种植，一些农民栽“卫生苗”种“懒庄稼”，投入不足，导致辣椒产量低、品质差；辣椒生产上对科学施肥重视不够，偏施氮肥现象严重，施磷、钾肥和其他微量元素肥料明显不足，各地缺乏符合辣椒需肥规律和当地土壤特点的高效辣椒专用肥料；对辣椒主要病虫害发生规律认识不清，防治措施不配套，绿色综合防控水平低。在辣椒主产区，由于多年连作，导致辣椒疫病、根腐病等土传病害逐年加重，蚜虫和飞虱等虫害屡屡发生，造成辣椒产量低而不稳，直接影响了辣椒的生产效益和农民收入。第二，辣椒加工业发展层次较低。加工企业数量多，但规模小，经济实力弱，缺少品牌或品牌影响力不高，产品科技含量低。全国辣椒加工企业数以千计，但大部分设施简陋，技术落后，加工工艺原始，加工能力不足，辣椒深加工明显滞后，加工品多以初级产品为主，产品附加值不高。与发达国家相比，我国不少辣椒加工企业缺乏现代管理制度，产品缺乏国家标准，标准化程度低，各企业之间互不往来，各自为政，产品互相模仿、重复，包装雷同，价格相互打压，往往出现无序的恶性竞争，从而导致我国辣椒加工企业标准化和品牌化水平低，难以形成具有较大影响力和较高知名度的产品品牌，缺乏市场竞争力。第三，辣椒产业发展的市场体系不够健全。据统计，我国目前已建成上百个年吞吐量上万吨的辣椒专业批发市场，但与每年近3 000万吨的干、鲜辣椒产量相比，市场建设明显不足，市场覆盖面仍然较低，不少辣椒主产区辣椒交易不便的问题依然突出。另外，目前已经形成的且在国内影响较大的几个大型专业批发市场，经营品种单一，大多以经营干椒为主，市场服务系统不完善，服务功能不健全，电子商务应用尚处在起步阶段。由于信息不对称，辣椒生产与市场之间缺乏有效衔接，导致辣椒价格和效益年际间波动很大，影响了农民种植辣椒的积极性和辣椒产业的持续健康发展。

（5）我国辣椒发展的趋势与对策。我国辣椒产业发展的趋势大体可归纳为以下几点：第一，辣椒生产结构和布局将会发生较大变化。从全国范围来看，鲜食辣椒面积呈下降趋势，干制辣椒或干、鲜两用加工型辣椒种植面积不断上升；南方辣椒主产区的湖南、贵州、四川等省市辣椒种植面积相对稳定或有所减少，而北方新疆、内蒙古、河北、山东等省区辣椒种植面积逐年增加，成为国内加工型辣椒重要的原料供应基地。第二，辣椒生产的组织化程度不断提高。随着科学技术的进步和辣椒栽培水平的不断提高，我国辣椒产业将呈现出区域化布局、规模化生产、集约化经营、社会化服务的发展格局。随着种植大户、家庭农场、农民专业合作社等新型生产经营业态的兴起，以及大批工商资本进入辣椒生产领域，在辣椒产区，

"企业＋基地/专业合作组织＋农户"等产业化经营模式将逐步完善，基地专业化、规模化渐成潮流，在辣椒区域化布局和规模化生产的推动下，针对辣椒产业发展的社会化服务（如植保、育苗、施肥、收获等）将迅速兴起，辣椒规模化栽培、病虫害绿色防控以及质量安全监测体系将逐步建立起来，由此带动辣椒生产的标准化和产品安全的绿色化，从而促进我国辣椒生产水平明显提高。第三，辣椒新品种选育特别是专用品种培育得到加强，种子质量显著提升。随着辣椒产业的发展，辣椒育种单位和育种工作者，将会根据国内外辣椒生产和消费需求，不断创新育种目标，加快培育抗病性和抗逆性强、满足不同生态条件、不同熟期要求、不同用途的多种专用型品种，特别是适应辣椒加工业发展的需要，注重培育高色素含量、高辣椒碱、高辣度等加工专用型辣椒新品种；充分发挥我国地方辣椒品种资源丰富的优势，加强地方特色优良辣椒品种的提纯改良工作，既有利于保护、改良和传承地方特色辣椒品种，又有利于推动我国特色辣椒加工业的发展。辣椒种业发展将顺应国内外种子发展的大趋势，朝着种子生产专业化、种子质量标准化、种子供应商品化、品种杂优化等方向发展，种子育、繁、推一体化经营迈上一个新的台阶，以适应辣椒产业不断发展壮大的需要。第四，辣椒精深加工业不断发展壮大，成为辣椒产业新的增长点。随着辣椒功能的不断拓展和开发，我国辣椒加工业在继续保持辣椒加工制品领先地位的同时，各辣椒主产区将立足资源优势，加大对辣椒精深加工产品，如辣椒红色素、辣椒碱、β－胡萝卜素等的开发利用力度，以满足国内外市场对辣椒深加工产品日益增长的需求，提高我国辣椒深加工产品在国际市场的占有份额，并成为促进我国辣椒产业发展新的增长点。在这一过程中，为适应国际辣椒市场发展的需要，提高我国辣椒产业发展的国际竞争力，辣椒加工制品和辣椒深加工产品等产品质量标准体系将逐步建立并与国际标准接轨，一批规模大、效益好、带动能力强的加工型辣椒产业化龙头企业将不断成长起来。第五，辣椒产业的营销方式将会发生重大变化。随着互联网和信息技术的快速发展，辣椒产业的经营方式可能会发生革命性的变革。传统的一家一户分散生产，定点市场交易模式将会受到较大冲击。因此，围绕辣椒市场开拓与信息化建设，借助现代信息技术手段，辣椒产业的商业化运作将受到各辣椒产区和重点辣椒加工企业的高度重视。运用互联网和大数据、云计算，及时、准确地了解和掌握国内外辣椒种植面积、品种、产量、供应量、辣椒制品产销等方面的信息，实现辣椒产、销时时对接，有效解决辣椒生产经营过程中经常出现的区域过剩、品种过剩、时段过剩等问题，切实保障农民收益和辣椒加工企业利益，促进我国辣椒产业持续健康快速发展。

二、辣椒的生物学特性

（一）植物学性状

1. 根

辣椒属浅根性作物，根系不发达，再生能力弱，不易发生不定根。辣椒的初生根垂直向下，向四周延伸形成根系，根系多分布在地表30厘米的土层内。侧根上着生有大量的根毛，主要分布在地表5～10厘米的土层内，根毛条数多而长。辣椒主要依靠根毛的吸收功能从土壤中吸收生长发育所必需的水分和养分，然后通过侧根输送到辣椒的茎、枝、叶、花、果实等各个部位。辣椒主根和侧根的木栓化程度较高，主要起输导和支柱的作用。当辣椒受到外界伤害造成侧根或者主根断裂时，恢复能力弱或不能恢复。因此，在栽培上应培育强壮根系及注意保护根系。直播植株，主根向下生长较为发达；育苗移栽的植株，因主根被切断，或者穴盘育苗主根不发达，所以，残留的主根和根茎部发生许多侧根，菜农称之为“鸡爪根”。根具有趋水性，土壤水分适宜时，根系发育强壮，数量多而密，分布广泛且比较均匀；土壤含水量较低时，根向土壤深处生长，从深层土壤中吸收水分，以维持植株正常的生长发育；土壤水分过多时，根系发育不良甚至造成沤根。因此，在栽培上要保持土壤水分适宜，做到旱能灌、涝能排。根具有趋肥性，土壤肥力适宜时，根系生长良好，数量多而根白嫩，分布均匀；当土壤贫瘠缺肥，根系就趋向于肥源生长，造成根系分布不均，且根系短小，颜色发褐，吸收能力下降。

2. 茎

辣椒的茎为木质茎，直立生长。辣椒的茎基部木质化，比较坚韧，皮黄绿色且有深绿色纵纹，也有的为紫色。不同辣椒品种的茎高不同，一般在30～80厘米之间，有的辣椒品种茎高可达150厘米以上。子叶以上，分枝以下的直立圆茎为主茎，主茎是全株的躯干，起着支持和输送水分、养分的作用。主茎以上的茎称为枝，分枝的形状多为“Y”字形，枝是植株结果主要部位及其水分、养分输送渠道。

辣椒分枝力强且有规律，植株主茎生长点形成花芽后，在花芽下部的2～3个侧芽迅速生长、成枝，隔1～2片叶，顶端又形成花芽。如此向上生长，植株成为双杈或者三杈分枝。花和果实着生于分杈处，有规律地分杈、开花。根据坐果方式，我们把主茎分杈处的果实叫做门椒，二次分杈处的果实叫对椒，以后依次分枝处的果实称为四母斗、八面风，五级分枝以后的果实统称为满天星。

同一植株上各枝条之间的生长势强弱差异较大，主要受空间和光照的限制。门椒和对椒处的分枝生长势均匀，四母斗之后的分枝不均匀，靠近外侧的枝生长势强，内侧的生长势弱，这样就形成了辣椒植株的主茎结构。一般节间腋芽萌发力弱，但茎基部（门椒以下）的腋芽成枝力较强，品种之间腋芽成枝力有差异。

植株的株型与节间长度随温度、营养水平以及光照水平、植株分枝级数升高而自动调节。植株生长发育协调的株型及株态表现为：结果部位以上有适宜的枝叶层，一般为15～20厘米，茎粗壮，节间适宜。徒长株株型及株态表现为：节间长、果实以上的枝叶层过厚，花器发育小，质量差，易落花落果。

僵株株型及株态表现为：节间短、门椒以上枝叶层较少，株幅小，根系发育差。

辣椒的分枝可分为无限分枝型和有限分枝型两类。

无限分枝型：一般品种为双杈分枝或三杈分枝，即主茎长至8～14片真叶，主茎顶端形成花芽，下部由2～3个侧芽萌发形成2～3个分枝继续生长，在植株生长期如果环境条件适宜，分枝无限延续下去。这类品种一般生长茁壮，植株高大，单株产量高。一般尖椒型品种和线椒型品种属此类，单花，果实多下垂生长。

有限分枝型：主茎长至一定叶数时，顶端发生花簇封顶，形成多数果实。花簇下腋芽抽生分枝，分枝的叶腋又可发生副侧枝，侧枝和副侧枝又都仍由花簇封顶，但大多不结果。以后植株不再分枝生长。这类品种植株矮小，生长势弱，果实小，果柄、果实向上直立。朝天椒类型品种均属此类。

茎是植株开花结果的主要空间，根据栽培茬口、营养水平，可以采取相应栽培技术措施来调整植株生长势和结果部位、结果量等，从而达到高产、优质的目的。

3. 叶

辣椒叶分为子叶和真叶。子叶是种子储藏养分的场所，在种子发芽过程中供给所需的能量和养分。子叶的形状为长披针形，但不同品种之间略有差异。子叶在辣椒出土后呈黄色，以后逐渐转绿。子叶在此期间进行光合作用，制造光合产物以满足辣椒幼苗生长发育的需要，因此，子叶对辣椒幼苗的正常生长发育具有极其重要的作用，在育苗过程中必须保护好子叶，避免子叶被土或基质掩埋或者人为损伤。

辣椒真叶为单叶，互生，卵圆形、长卵圆形或披针形。叶片先端渐尖、全缘。叶面光滑，稍有光泽，也有少数品种叶面密生茸毛。通常甜椒叶片较辣椒叶片稍宽，主茎下部叶片比主茎上部叶片小。叶片颜色一般来说，北方栽培品种叶片绿色较浅，而南方栽培品种叶片颜色较深。有研究表明，辣椒叶片大小、色泽与辣椒果实的大小和表皮色泽有相关性。

辣椒叶片的长势和色泽可作为辣椒植株营养和健康状况的指标。正常生长的辣椒叶片呈深绿色（因品种而异），大小适中，稍有光泽。当土壤肥力不足时，辣椒全株叶色变得黄绿。土壤干旱，水分不足时，辣椒植株基部个别叶片颜色全黄，但大部分叶片颜色浓绿。

辣椒的叶片主要功能是进行光合作用，制造植株生长发育所必需的营养物质。除此之外，叶片的另一项重要功能是进行蒸腾作用。辣椒从根部不断吸收水分，叶片通过气孔不断蒸腾水分，同时无机养分随水运输，这样就能供应辣椒植株所需要的水分和无机养分。辣椒蒸腾作用的大小因品种而异，还与外界环境条件有很大的关系，气温、湿度和风速都严重影响植株的蒸腾作用，气温高、湿度低、风速快，蒸腾作用就大，反之蒸腾作用就小。而当外界温度过高时，叶面上的气孔会自动关闭进行自我保护。耐热辣椒品种，蒸腾作用大，水分随蒸腾作用散失，同时带走大量热量，从而降低植株温度，提高其耐热性能。

叶片还可以直接吸收无机养分。在辣椒生长后期，土壤施肥不便时，可通过叶片喷施叶面肥及生长调节剂。这些物质通过叶片吸收后，可输送到植物体的各个部位发挥作用，在短时间内可使植株生长的更加旺盛，叶片颜色更加浓绿，叶面积增大，叶片增厚，植株新陈代谢加快，延缓植株衰老及延长叶片功能期。

4. 花

辣椒花为完全花，单生、丛生（1～3 朵）或簇生。花冠白色、绿白色或紫白色，花萼基部连成钟形萼筒，尖端 5 齿，花冠基部合生，尖端5裂，基部有蜜腺。雄蕊5～6枚，基部联合花药圆筒形、纵裂，花药浅紫色或黄色。一般品种花药与雌蕊柱头等长或柱头稍长，营养不良时易出现短柱花，短柱花常因授粉不良导致落花落果。辣椒属于常异交作物，虫媒花，天然杂交率约为10%。

5. 果实

辣椒的果实为浆果，果实的大小形状因品种类型的不同而差异显著，果实形状有圆球形、倒卵圆形、长圆形、扁圆形、长角、羊角、线形、圆锥、樱桃等多种形状。果实表面光滑，常具有纵沟、凹陷和横向皱褶。有纵径30厘米以上的线椒、羊角椒，有横径15厘米以上的甜椒，也有小如稻谷的小米椒。青熟果有深绿色、绿色、浅绿色、淡黄色、紫色、白色等多种颜色，老熟果有红色、黄色、紫色等颜色。辣椒的胎座不很发达，形成较大的空腔，食用的部分为果皮，果肉厚0.1～0.8厘米（鲜果），单果重从0.5克到400克之间。辣椒果实多向下垂直生长，少数品种向上直立生长，如朝天椒类型等。果实发育，从受精到商品椒长成需30～35天，红熟则需要50～65天。

辣椒果实中含有较高的番茄红素和较浓的辣椒素。一般大果形甜椒品种不含或微含辣椒素，小果形辣椒则辣椒素含量高，辛辣味浓，加工型辣椒均为辣椒素含量高的种类和品种。未成熟的果实辣椒素含量较少，成熟的果实辣味较浓，辣椒素含量较高。

辣椒不同基因型间果实颜色有很大差异，同一品种在生长过程中果实颜色也有很大变化。辣椒果实颜色是由不同种类的生物色素（类胡萝卜素）引起，加工型辣椒的红果中主要含有辣椒红素和胡萝卜素。据德州市农业科学研究院研究报道，随着辣椒果实的发育，β－胡萝卜素和番茄红素含量呈现先升后降，而后又升高的趋势，在生理成熟期（花后60天），其含量处于较高水平，早熟品种含量高于晚熟品种。叶黄素含量随果实的发育，其含量逐渐降低，在花后55天达到最低值，而后逐渐上升，早熟品种其含量上升速度高于晚熟品种。花后30天内，在辣椒果实中未能检测到辣椒红素。自花后30天始，辣椒果实中的辣椒红素含量逐渐升高，在花后40～50天，早熟品种辣椒红素含量急剧上升，而晚熟品种辣椒红素急剧上升期则在花后50～55天。

6. 种子

辣椒种子近圆形、扁平，表面微皱，淡黄色或金黄色，稍有光泽。辣椒种子主要着生在胎座上，少数种子着生在心室隔膜上。辣椒种子的千粒重4.5～8.0克，发芽力一般2～3年。有研究表明，经充分干燥的种子，如果密封包装在－4℃条件下储藏10年，发芽率仍可达76%。室温下密封包装储藏5～7年，发芽率可达50%～70%。

（二）辣椒对环境条件的要求

1. 温度

温度对蔬菜的重要性在于蔬菜生长发育的生理活动、生化反应，都必须在一定的温度条件下进行。温度升高，生理生化反应加快，生长发育加速；温度降低，生理生化反应变慢，生长发育迟缓。当温度低于或高于蔬菜所能忍受的温度范围时，生长逐渐减慢、停滞，发育受阻，蔬菜开始受损死亡。此外，温度的变化还能引起环境中其他因子如湿度、土壤肥力变化，而环境诸因子（综合体）的变化，又能影响蔬菜的生长发育，进而影响蔬菜的产量和品质。认识每一种蔬菜对温度的要求及温度与生长发育的关系，是合理安排生产季节、获得高产的主要依据。

辣椒属于喜温蔬菜。辣椒生长发育的适宜温度为20～30℃，低于15℃时植株生长发育迟缓，持续低于5℃则植株可能受到冷害，至0℃时植株容易受到冻害。

辣椒种子发芽的适宜温度为15～30℃，最适温度为25℃左右，在此温度下，3～5天就可整齐出苗；超过35℃或低于10℃，辣椒种子都不能正常地发芽。辣椒进行早春育苗时，往往地温、气温较低，幼苗生长缓慢，经常需要采取人工增温办法防寒防冻。

种子出芽后，随着幼苗长大，耐低温的能力随之增强。具3～4片真叶后，能耐5℃以上低温而不受冻害。辣椒幼苗生长的适宜温度白天为25～30℃、夜间为15～18℃，在此温度条件下，幼苗生长健壮，子叶肥大，对初生真叶和花芽分化有利。如果温度过高或者过低，将影响花芽的分化形成，最后影响产量。

进入初花期，随着植株生长对温度的要求趋于严格。这一时期白天适宜的温度为25～28℃，夜间15～20℃，低于15℃辣椒就会受精不良，容易造成落花，若温度低于10℃，辣椒不能开花，已坐住的幼果也不能膨大，还容易出现畸形果。温度过高，如高于35℃，辣椒花器官会发育不全或柱头干枯不能受精，造成落花。此外，温度过高，还容易诱发辣椒病毒病的发生。

果实发育和转色的适宜温度为20～30℃，但适温为25℃左右，并要求有较大的昼夜温差，白天26～30℃，夜间16～20℃。这样既可以使辣椒白天能进行较强的光合作用，具有较高的光合速率，夜间能较快地把光合作用制造的有机养分输送到根系、茎尖、花芽、果实等生长中心部位去，同时减少呼吸作用对营养物质的消耗。不同品种对温度的要求也有很大差异，一般大果型品种的耐热性不及小果型品种，加工型辣椒品种普遍耐热性较好。

2. 光照

辣椒要求中等的光照强度，较耐弱光。在光照自然状态下，只要温度适宜，一年四季均可栽培。辣椒生长发育对光照强度的要求并不严格，光饱和点为 30 000 ~ 40 000 勒克斯（lx），光补偿点为 1 500 ~ 2 000 勒克斯（lx）。日照过强，易引起日烧病；过弱，茎叶生长不良，体内营养差，坐果率降低，果实膨大速度迟缓。

辣椒幼苗生长发育阶段需要良好的光照条件，这是培育辣椒壮苗的必要条件。光照充足，幼苗节间短、茎粗壮、叶片厚且颜色深绿，根系发达，抗逆性强，不易感病，且花芽分化良好。若光照不足，则辣椒幼苗的节间伸长、含水量增加、叶片较薄且颜色淡黄，根系短小不发达，且花芽分化不良。

辣椒对光周期要求不严，光照时间长短对花芽分化和开花没有显著影响，10 ~ 12 小时短日照和适度的光照强度能促进辣椒的花芽分化和发育。

3. 水分

辣椒既不耐旱，又不耐涝，对水分的要求严格。但品种类型不同，对水分要求有异，一般甜椒及鲜食型品种需水量较多，加工型品种需水量较少。辣椒在各生育阶段的需水量也不同。发芽期，种子只有吸收充足的水分才能发芽，因辣椒种子的种皮较厚，吸水速度较慢，一般辣椒催芽前先要浸种 5 ~ 8 小时，使辣椒种子充分吸收水分；若浸种时间过短，有可能因吸水不足在催芽过程中会对辣椒种子产生伤害，达不到催芽的目的；若浸种时间过长，会造成辣椒种子营养外流、氧气不足而影响种子的生活力，影响种子的发芽和正常生长发育。幼苗期植株需水不多，此时地温和气温较低，如果土壤湿度过大，透气性差、缺少氧气，植物根系发育不良，导致植株徒长，抗逆性差，大量病菌会乘虚侵入，造成大量死苗，或因土温较低出现萎蔫现象。因此，育苗期间苗床不要大量灌水，管理重点以控温降湿为主；辣椒移栽后，植株生长量增加，需水量也随之增加，此期内要适当浇水，满足植株生长发育的需要，但仍要适当控制水分，以利于地下部根系伸长发育，控制地上部枝叶徒长。初花期，需水量增加，要增加水分，以促进植株分枝开杈、花芽分化、开花和坐果，但湿度过大会造成落花，以土壤见干见湿为宜。在管理上尤其要注意控制田间的空气湿度；果实膨大期，需要充足的水分，如果水分供应不足，果实不能膨大或膨大速度慢，果实表面皱缩，弯曲，色泽暗淡，形成畸形果，降低辣椒的产量和品质，因此，这一时期要给予辣椒充足的水分供应，土壤应保持湿润，宜小水勤浇。

辣椒生长发育要求空气相对湿度80%为宜，湿度过高会引起发病，湿度过低，又容易出现落花、落果现象，严重影响辣椒坐果率。

4. 土壤

辣椒对于土壤的适应性强，对土壤类型的要求不太严格。但在地势高燥，排水良好，土层深厚、肥沃，富含有机质的壤土或沙壤土上栽培最为适宜。土壤黏重、肥水条件差的缓坡地，适宜栽植耐旱、耐贫瘠的线椒或可以避旱保收的早熟辣椒，大果形肉质较厚的品种需栽植在土质疏松、肥水条件好的沙质土壤或灌溉方便、土层深厚肥沃的土壤，才能获得高产。

辣椒适宜的土壤酸碱度pH值为6.1~7.6，呈中性或弱酸性较好。辣椒忌连作，连作时辣椒植株发病严重，病虫害较多，土壤养分状况失去平衡，不利于辣椒的生长发育，产量和品质都显著下降，因此，生产上要求辣椒适当轮作，轮作年限一般为2～3年。

辣椒种植需要土壤具有良好的通透性。在含水量多、土壤孔隙小的情况下，土壤中氧气缺乏，二氧化碳含量高，对辣椒根系易产生毒害作用，使根系生长发育受到抑制。

5. 养分

辣椒的生长发育需要充足的养分，对氮、磷、钾三要素吸收比例大体为1.0∶0.5∶1.0，此外，还要吸收钙、镁、铁、硼、铜、锰等多种中量和微量元素。

在不同生长发育时期，辣椒需肥种类和数量也各不相同。辣椒幼苗期生长量小，需肥量也相对较小，需施用适当的磷、钾肥，以满足根系生长发育的需要。花芽分化期受施肥水平的影响极为明显，氮肥过量，易延缓花芽的发育分化，磷肥不足，易形成不能结实的短柱花，适当增施磷钾肥，可使花芽分化提前、花量增加、素质提高。

幼苗移栽大田后，辣椒对氮、磷肥的需求量增加，合理施用氮、磷肥可促进根系发育。但如果氮肥施入量过多，植株易发生徒长，造成营养生长与生殖生长的不平衡，推迟开花坐果且落花落果严重；同时，植株容易感染病毒病、疮痂病、疫病等病害。辣椒进入结果期后，对氮肥的需求量逐渐增加，到盛花盛果期达到最高峰，氮肥供应植株体的营养生长，磷钾肥则促进植株根系生长、花果生长和果实膨大，以及增加果实的色泽等。

辣椒的辣味受氮、磷、钾肥料的影响。氮肥偏多，磷钾肥偏少时，辣椒的辣味降低；而磷钾肥较多时，则辣椒的辣味较浓。大果形品种如甜椒类型需要氮肥较多，而小果形品种如簇生椒类型需氮肥较少。因此，在辣椒栽培管理过程中，需要根据品种特性科学配施氮、磷、钾肥。

辣椒为多次成熟、多次采收的蔬菜作物，采收期比较长，需肥量较多，生产上除施足基肥外，一般采收一次辣椒，追肥一次，以满足植株的旺盛生长和开花结果的需要。对于越夏栽培的辣椒，应多施磷、钾肥增强作物的抗逆能力，促进果实膨大，提高辣椒的产量和品质。

在施足氮、磷、钾肥的同时，生产上还应根据植株的生长发育情况施用适量的钙、镁、铁、硼、铜、锰等多种微量元素肥，预防各种缺素症状的发生，保证辣椒植株的正常生长发育。

硼是蔬菜作物的主要营养元素之一。我国一些省份普遍缺硼，尤其是干旱年份硼素往往严重不足，施入过量石灰，也会造成缺硼，因为硼的可给性降低。植株各器官中含硼量不同，花中以柱头和子房最多，缺硼时，花柱和花丝萎缩，花粉发育不良，往往导致蔬菜只开花不结实或结实很少。辣椒缺硼时，根系生长差且变褐色，侧根死亡，心叶生长缓慢，花期延迟，往往造成花而不实，影响产量。因此，生产上一般采用浓度为0.2%的硼肥溶液进行叶面喷施，以加速花器官的发育，促进花粉的萌发、花粉管的伸长和授精，改善花而不实的现象。但在喷施过程中一定要掌握好硼肥浓度，千万不能过量，浓度过高，会形成畸形花、畸形叶，导致落花落果。

钙在蔬菜体内移动速度慢。辣椒缺钙时顶叶黄化，下部仍保持绿色，这是缺钙与缺氮、磷、钾不同的典型特征。辣椒缺钙，植株瘦弱，下垂，叶柄卷缩，根不发达，有些侧根膨大而呈深褐色。且易产生脐腐病，顶芽周围的茎部出现坏死组织。德州市农业科学研究院研究发现，硅钙肥（SiO_2 20%、CaO 20%）、氮肥、磷肥对辣椒的产量和品质均有显著的影响，并且因素间存在显著的互作效应。三因素对产量的影响顺序分别为：氮肥 > 磷肥 > 硅钙肥，而对品质影响则相反。在低用量条件下，辣椒的产量和品质会随着硅钙肥、氮肥、磷肥的用量增加而升高；当用量过高，产量和品质会下降。通过计算机模拟运算，产量在每667平方米300～400千克之间，品质综合得分95分以上时，硅钙肥、氮肥、磷肥最佳配施比例为1∶0.75∶0.17。

镁是叶绿素的组成成分，辣椒缺镁时，叶片易碎，向下卷曲，叶脉保持深绿色，脉间叶肉呈黄色，逐渐扩展，以后变褐色而死亡。辣椒缺铜侧枝生长缓慢，根系发育更弱，叶色呈深蓝绿色，叶卷缩，不形成花。辣椒缺钼时，老叶先褪绿，叶缘和叶脉间的叶肉呈黄色斑状，叶边向上卷，叶尖萎焦，渐向内移。严重者死亡，轻者仅开花，结实受到抑制。

（三）辣椒的生长发育周期

1. 发芽期

从种子萌发到第一片真叶出现为发芽期，一般需要10～15天。在温度适宜，通气良好的条件下，辣椒从播种到子叶展开，真叶显露需要12天左右的时间。种子在发芽前有一个物理吸水过程，达到最大限度后，酶开始活化，激素和蛋白质进行合成，种子开始主动快速吸水，呼吸作用增强，物质代谢加快，种子开始萌动。种子萌发首先是胚根从种子内伸出、伸长，相继发育成幼根。种子内弯曲的胚轴也逐渐伸长，直到钻出种子，随即胚轴上端的子叶基部伸出种皮，而后子叶的尖端逐渐从种皮内脱壳而出，子叶逐渐展开，完成发芽过程。子叶展开后，在光照条件下颜色逐渐变绿开始进行光合作用，幼根也开始从土壤或基质中吸收水分和无机盐，幼苗开始由异养转为自养。

在同等条件下，均匀饱满的种子发芽快而整齐，幼苗长势强。因此，应选择饱满充实的种子作为播种材料。发芽期是幼苗由异养到自养的过渡阶段，生长量相对比较小。管理上应促进种子迅速发芽出土，否则既消耗了种子内的营养，又不能及时使秧苗由异养转入自养阶段，导致幼苗生长偏弱，茎秆细弱。同时要注意保护好子叶，保证幼苗尽早能进行光合作用。

2. 幼苗期

从第一片真叶出现至门椒显大蕾为幼苗期，一般为40～60天。这一时期，植株生长迅速，代谢旺盛，子叶光合作用产生的营养物质除供给自身的消耗外，几乎全部供给幼根、幼茎和叶片的生长发育需要。当辣椒幼苗长至7～8片真叶时，子叶的作用逐渐削弱，直至成为不必要的器官而脱落。虽然幼苗期辣椒生长量小，但相对生长速度快，对养分、水分要求严格，在生产中应进行精细管理，培育辣椒壮苗，为辣椒的优质高产打下基础。

幼苗期的长短因苗期外界温度调节及品种熟性的不同有很大的区别，在冬季温室育苗或早春冷床育苗时，辣椒的幼苗期可达60～70天。幼苗期又可根据辣椒幼苗生长发育特点细分为以下2个阶段。

（1）营养生长阶段。从第一片真叶出现到具有3～4片真叶。这一阶段，辣椒幼苗以根系、茎叶生长为主，主要是为下一阶段的花芽分化奠定营养基础。此时子叶的大小和生长质量直接影响第一花芽分化的早晚，真叶面积大小和生长质量将影响花芽分化的数量和质量。因此，在生产上应注意培育子叶肥厚、真叶较大、叶色浓绿的壮苗。

幼苗期，从叶片生长点开始发育计算，5～10天发育一枚叶片。接近子叶的第一对初生真叶发育很慢，在30天左右叶片达到成熟，但叶面积较小。以后的叶片达到其最大叶面积需45～55天。在辣椒的生长过程中，随着叶片的逐渐分化发育，同化作用变得日益旺盛，同化产物被输送到植物体的各个器官和组织中，以保证植株的正常生长发育。叶片的发育与外界环境条件密切相关，其中温度、光照对叶片的发育影响最为显著。叶片发育的日温度以 25 ~ 27℃，夜温以18 ~ 20℃ 为宜，这样有利于增强白天植株的光合作用和减少夜间呼吸作用对养分的消耗。充足的光照条件是植株进行光合作用的前提，光照弱，叶片小而薄，颜色浅，甚至会发生叶片脱落现象。土壤水分和养分对叶片的发育也有显著影响。土壤水分过多、养分亏缺都将直接影响叶面积的大小和叶片的寿命。土壤干旱，植株叶片下垂乃至萎蔫，会使叶片的分化速度和发育受到严重影响；而土壤水分过多，可造成植株叶片黄化脱落。

（2）花芽分化及发育阶段。在辣椒植株的个体发育过程中，花芽分化是植株由营养生长过渡到生殖生长的标志。辣椒幼苗一般在 3 ~4 片真叶时开始花芽分化，从花芽分化到开花大体需要 30 天，这一时期辣椒幼苗根茎叶的生长与花芽分化同时进行。

当辣椒幼苗长出 3 ~4 片真叶时，分化新叶的生长点由圆锥形的突起变得肥厚、扁平，边缘外扩，紧接着相继进行萼片、花瓣、雄蕊的分化。雄蕊进一步形成花粉母细胞，雌蕊在心皮里继续分化形成胚珠、心室和胎座，进而发育形成完整的花器。

辣椒的花芽分化属营养支配型，是以旺盛生长促进发育和花芽分化的典型，只要植株体内的成花物质积累到一定数量后便进行花芽分化，并与外界环境条件密切相关。植株体内的营养物质含量是决定其是否进行花芽分化的内在因素，当幼苗期植物体内积累的各种营养物质少，磷、氮比较小时，则植株体内的成花素少，开花较晚。当磷、氮比增加，植株体内碳水化合物增加时，植物激素会逐渐降低，成花素增加，可促进开花结实。

幼苗期要求较高的温度，白天气温 25 ~ 28℃ 利于叶片进行光合作用，对花芽分化有利，夜温以 15 ~ 20℃ 为宜。处于较高温度时，花芽分化时间早，节位低；夜温低，花芽分化时间延迟，花芽分化节位高，但花的重量、子房重量增加，花的素质提高。长日照对辣椒的花芽分化不利，而短日照对花芽分化有显著的促进作用。光照强度对辣椒花芽分化的影响不及番茄、茄子明显，但光照弱会使辣椒幼苗的光合作用降低，造成辣椒幼苗营养状态不良，降低成花素质，从而引起落花落蕾。因此，在辣椒育苗过程中，应适当加大苗间距离，有利于根系发育及光合作用，促进花芽分化，提高花的质量，在低温弱光季节尤其重要。花芽分化对磷、氮比较敏感，如磷肥不足，花芽分化不良，发育迟缓，花的质量低；氮磷充足，花芽分化良好，结实率高。土壤水分充足，花形成良好，开花结实好，茎叶发育正常；当土壤水分不足时，花的形成推迟，花的素质不好，坐果率降低。由于辣椒是多次开花、连续结果的蔬菜作物，因此，辣椒的花芽分化与茎叶的分化是交替进行的。

辣椒育苗过程中要进行分苗，分苗应在三叶前完成，三叶后应创造适宜的苗床环境条件，使秧苗营养生长良好，花芽分化正常进行。

3. 初花期

从门椒显大蕾到坐果为初花期，需要 20 ~ 30 天。这一时期是辣椒从以营养生长为主向以生殖生长为主过渡的转折时期，也是平衡营养与生殖生长的关键时期，管理措施直接影响到辣椒产品器官的形成及产量，特别是对辣椒早期产量影响显著。如植株营养生长过旺，就会延缓植株的生殖生长，造成开花结果延迟和落花落果，直接降低产量；反之，如果花芽发育过早或坐果过多，也会抑制营养生长，植株生长缓慢，果实小，产量低。

4. 结果期

从门椒坐果到辣椒全部收获（拉秧）为结果期，不同品种类型辣椒其结果期长短不同，一般为 90～120 天。这一时期是辣椒产量形成的关键时期，辣椒植株一方面不断进行花芽分化、发育、开花、结果、果实膨大，同时也进行茎叶的分化生长，二者相互影响。旺盛的营养生长是花芽分化和果实发育的基础，但如营养生长过旺，就会抑制花芽分化和果实发育；同样，花芽分化过早或坐果过多，也会严重抑制植株的营养生长。

辣椒植株上的结果数增加，果实膨大，特别是果实采收较晚，种子发育需要大量营养物质，此时新开花的质量会显著降低，数量显著减少，结实率降低。摘掉部分果实，花的质量可显著提高，数量和结实率恢复正常。在结果期，果实是巨大的营养库，叶片的同化物质优先向果实运转，向根系和茎叶的输送量锐减，其生长受到一定程度的影响。因此，在辣椒生产过程中，应在进入辣椒结果期之前，创造良好的环境条件，培育强大根系，促进茎叶旺盛生长，创造良好的营养基础。进入辣椒结果期，应适时采收，同时加强水肥管理和病虫害防治，保证茎叶正常生长，延长结果期，提高辣椒产量。

加工型辣椒结果期可以细分为结果前期、结果盛期和结果后期。

（1）结果前期。植株继续分枝，继续形成叶幕，营养生长仍很旺盛。同时门椒发育，对椒、四母斗的花器建成。开花、生殖生长需要大量的养分和水分，生产上应保持充足的水肥供应。

（2）结果盛期。植株营养生长减缓，植株上部抽生的节间明显变短，速度慢但分枝仍在继续。此时生殖生长旺盛。随着分枝数量按级数成倍增加，开花结果数目迅速增加，各层果实之间对养分的竞争加剧。此期应加大肥水供应量并保持株间良好的通风透光条件，从栽培管理角度尽量延长此期的结果时间。

（3）结果后期。植株营养生长速度近于停滞，植株上部没有抽生的新枝，果实转为生理成熟及转色。果实的成熟过程可分为绿熟期、红熟期和完熟期。

绿熟期的果实和种子没充分长大，整个果实为绿色。

红熟期前期的果实和种子已充分长大，果皮颜色加深；红熟中期的果实，果皮开始转红色，外观呈褐红色，种子开始有发芽力，但是不饱满。加工型辣椒自此时起可陆续采收鲜红椒。

完熟期也可称为生物学成熟期，果实中的叶绿素全部消失，种子发育成熟，果实开始呈现本品种特有的色泽。加工型辣椒经晾晒后熟后可收获干椒。

根据辣椒生长发育不同时期的特点，栽培管理上应掌握的原则是：发芽期保护和促进子叶的肥厚、初生根的发育；幼苗期促进根系的生长，促进植株形态的建成，保护叶片；开花坐果期养根护根，协调植株营养生长与生殖生长，提高坐果率；结果期创造适宜根系生长的土壤环境，提高根系活力，加强肥水管理，延长叶片功能期。

三、加工型辣椒品种介绍

（一）尖椒类型

1. 德红1号

品种来源：由山东省德州市农业科学研究院选育。

特征特性：干鲜两用，早熟，植株高90厘米左右，株幅80厘米左右，主茎高度30厘米左右；门椒着生节位10～13节；嫩茎和叶片上有明显的绒毛；果实羊角形，果长11～14厘米，果肩径2.5厘米左右；嫩果绿色，成熟果深红色，自然晾干速度快，商品果率高；辣味中等，干椒果皮内外红色均

匀，干椒色价值 13 ~ 14；耐高温，抗病毒病和疫病。平均每 667 平方米产干椒 400 千克左右。

栽培要点：育苗移栽适宜的苗龄 50 ~ 55 天，2 月下旬至 3 月上旬播种育苗，适宜定植期 4 月下旬至 5 月上旬，小高畦栽培，株距 35 ~ 40 厘米，行距 50 ~ 60 厘米；露地直播适宜播期为 4 月上中旬，每 667 平方米用种量 450 克左右，定植密度为 3 500 ~ 4 000株。培育壮苗移栽，栽培过程中应重施有机肥，追施磷钾肥，注意防治病虫害。同时注意钙肥的施用，果实膨大期和转色期避免发生缺钙现象。雨季注意排水，防止出现裂果现象。

2. 干椒 0409

品种来源：由山东省德州市农业科学研究院选育。

特征特性：中早熟，生长势强，植株高 60 ~ 70 厘米，株幅 75 厘米左右；嫩茎和叶片上有明显的绒毛；果实圆锥形，果长 8 ~ 9 厘米，果肩径 3. 5 厘米左右，干椒单果重 2. 8 ~ 3. 2 克；成熟果深红色，自然晾干速度快，商品果率高；干椒果皮内外红色均匀，干椒色价值 13 ~ 14；耐高温，抗病毒病。每 667 平方米干椒产量可达 400 千克。

栽培要点：育苗移栽适宜的苗龄 55 ~ 60 天，2 月下旬至 3 月上旬播种育苗，适宜定植期 4 月下旬至 5 月上旬，小高畦栽培，株距 35～40 厘米，行距 50～60 厘米；露地直播适宜播期为 4 月上中旬，每 667 平方米用种量 450 克左右，定植密度为 3 500～4 000株。要施足腐熟有机肥做底肥，适时追施钾肥；应清除侧枝 1～2 次，有利于下部挂果；夏季坐果膨大以后，要注意排水，保持适当的土壤水分，以防裂果。

3. 干椒 3 号

品种来源：由青岛农业大学、山东省德州市农业科学研究院选育。

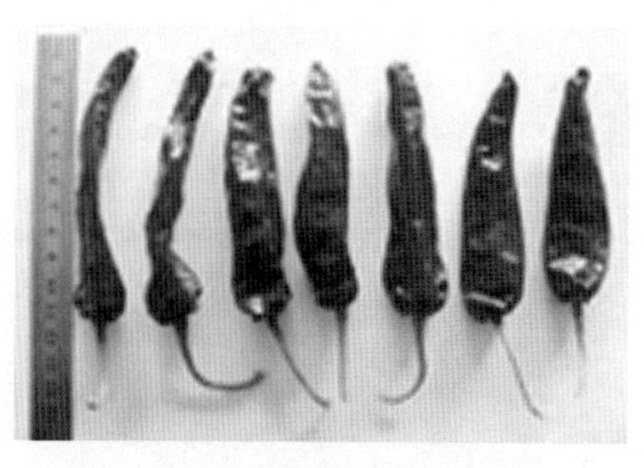

特征特性：中熟，植株高 90～100 厘米，株幅 95 厘米左右；门椒着生节位 10～13 节；嫩茎和叶片上有明显的绒毛；果实羊角形，果长 10～12 厘米，果肩径 2.3 厘米左右，干椒单果重 2.9～3.2 克；嫩果绿色，成熟果深红色。干椒果皮内外红色均匀，干椒色价值 12～13。

栽培要点：育苗移栽适宜苗龄 50～55 天，适宜定植期 4 月下旬至 5 月上旬，大小行种植，大行 70 厘米，小行 55 厘米，株距 25 厘米左右；露地直播适宜播期为 4 月上中旬，每 667 平方米用种量 400～450 克，定植密度为 4 000～4 500株。重施有机肥，盛果期前补施钙肥和铁肥。及时防治病虫害，红果期控制浇水。

4. 干椒6号

品种来源：由青岛农业大学、山东省德州市农业科学研究院选育。

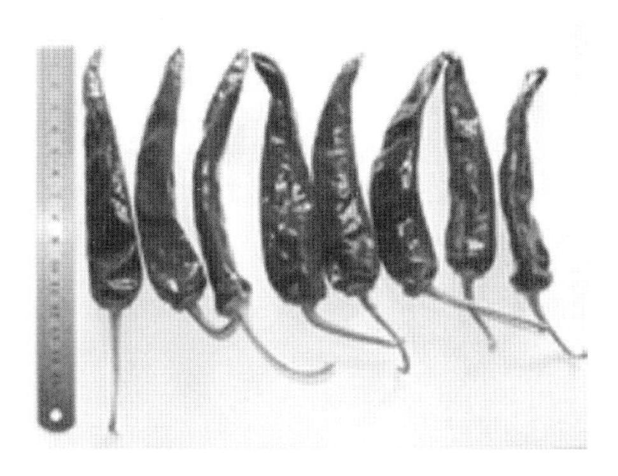

特征特性：干鲜两用，植株高约90厘米，株幅95厘米左右；门椒着生节位10～13节；果实羊角形，果长10～13厘米，果肩径2.2厘米左右；鲜椒单果重20～25克，干椒单果重2.8～3.1克；嫩果深绿色，成熟果鲜红色，果皮光亮，饱满度好；干椒果皮内外红色均匀，干椒色价值10～12。

栽培要点：育苗移栽适宜苗龄50～55天，适宜定植期4月下旬至5月上旬，大小行种植，大行70厘米，小行55厘米，株距25厘米左右；露地直播适宜播期为4月上中旬，每667平方米用种量400～450克，定植密度为4 000～4 500株。重施有机肥，盛果期前补施钙肥和铁肥。及时防治病虫害，红果期控制浇水。

5. 英潮红4号

品种来源：由中椒英潮辣业发展有限公司、山东省德州市农业科学研究院联合选育。

特征特性：中早熟，植株长势特强，株高80厘米左右；

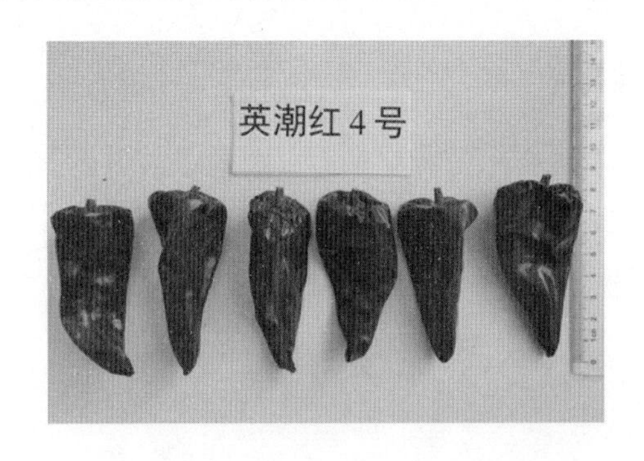

果实短锥形，果长 8～10 厘米，果肩径约 4 厘米，干椒单果重 4 克以上；鲜椒脱水快，易制干，商品性好；抗病性突出，坐果多，合理密植单株坐果 30～40 个，内外果均呈紫红色，是提取天然色素、食品加工及外贸出口的优良干椒品种。每 667 平方米生产鲜椒 1 500～2 000千克，干椒 300～400 千克。

栽培要点：育苗移栽适宜苗龄 55～60 天，适宜定植期 5 月上旬，大小行种植，大行 80 厘米，小行 50 厘米，株距 25 厘米左右；露地直播适宜播期为 4 月上中旬，每 667 平方米用种量 420 克左右，定植密度为 3 800～4 500株。施足底肥，门椒达 3 厘米时及时追肥，疏除门椒以下的侧枝以利通风透光，适时培土扶垄以防倒伏。

6. 益都红

品种来源：山东省地方品种。

特征特性：植株直立，生长势强，株高 70～80 厘米，开展度 60 厘米；第 1 个果着生于主茎第 12～14 节；果实牛角形，果长约 9～11 厘米，果肩径 3 厘米左右，单果重 10 克左右；青果绿色，成熟果为紫红色；辣味适中，果肉较厚，辣椒素含量高，油分多。每 667 平方米生产干椒 250 千克左右。

栽培要点：育苗移栽适宜苗龄 60 天左右，适宜定植期 5

月中上旬，定植行株距60厘米×30厘米；露地直播适宜播期为3月下旬至4月上中旬，每667平方米用种量450～500克，定植密度为3 500～4 000株。种植地以沙壤土为宜，施足以有机肥为主的基肥，深沟高垄，便于排水防涝。

7. 博辣红星

品种来源：由湖南省农业科学院选育。

特征特性：中熟，植株生长势较强，株高60厘米，植株开展度80厘米；始花节位为第10～11节；果实羊角形，果肩平或斜，果顶圆，果长12～14厘米，果肩径2.2～2.5厘米，

果肉厚0.25厘米，单果重26克；果面光亮，青熟果深绿色，成熟果深红色；果实味辣，连续坐果性强；较抗疫病、病毒病，耐湿、耐肥能力较强。

栽培要点：育苗移栽适宜苗龄60天左右，适宜定植期4月下旬至5月上旬，定植行株距45厘米×40厘米；露地直播适宜播期为4月上中旬，每667平方米用种量500克左右，定植密度为3 500～4 000株。施足基肥，勤施追肥。注意防治病虫害。

8. 金塔王

品种来源：韩国引进。

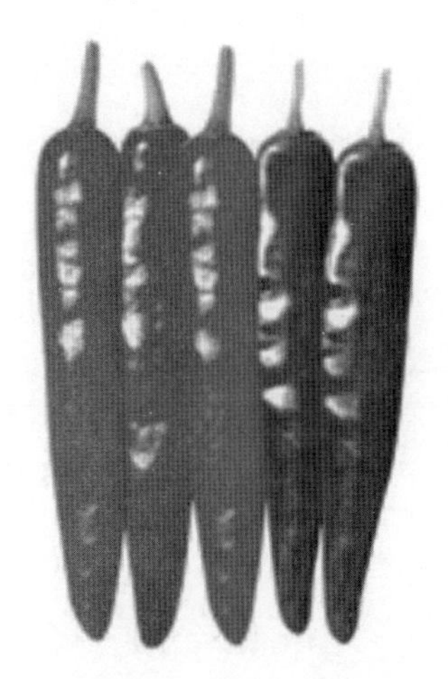

特征特性：早熟，从播种到辣椒成熟需90～110天，采收期100～120天；生长势强，株型结构好，株高75～85厘米；果实近羊角形，果长11～14厘米，果肩径1.5～2.4厘米，单果重17克左右；连续坐果强，产量高，单株坐果40～50个；成熟后果实呈枣红色；辣味中等，辣椒皮厚、平整、有光泽，着色快，成色好，品质佳；抗倒伏，抗重茬，是目前较为适宜

提取色素和加工出口的优良干椒品种。

栽培要点：育苗移栽适宜苗龄 50～60 天，适宜定植期 4 月下旬至 5 月中旬；露地直播适宜播期为 3 月下旬至 4 月上中旬，每 667 平方米用种量 420～480 克，定植密度为 4 000株左右。育苗期要做好通风管理，培育壮苗；连续坐果率强，要施足基肥。

9. 金椒红龙

品种来源：由安徽省金泰种苗研究所育成。

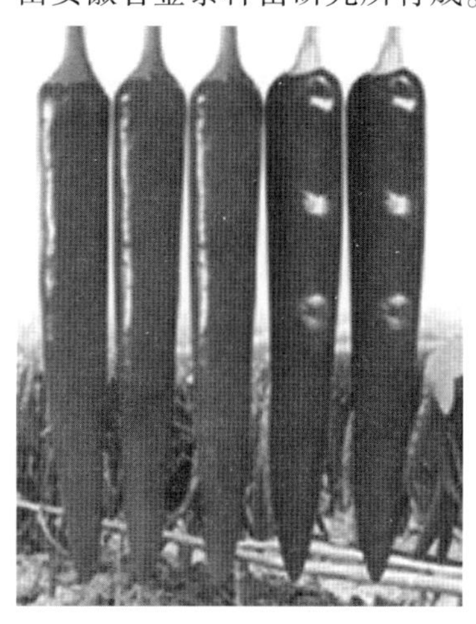

特征特性：早熟，植株直立，株高约 70～80 厘米，开展度 80 厘米；果实牛角形，果长约 15 厘米，果肩径 2 厘米左右，干椒单果重 15 克左右；成熟后紫红色，油分多；辣味浓，品质佳。

栽培要点：育苗移栽适宜苗龄 60 天左右，适宜定植期 5 月上旬，定植行株距 60 厘米 ×30 厘米；露地直播适宜播期为 4 月上中旬，每 667 平方米用种量 450～500 克，定植密度为 3 500～4 000株。栽培后期，高温、养分不足可能会造成果实变短，应施足基肥，并注意水分管理及追肥管理；生育后期应单独喷洒氯化钙400倍液，防止缺钙现象。

10. 辣家家

品种来源：由北京捷利亚种业有限公司育成。

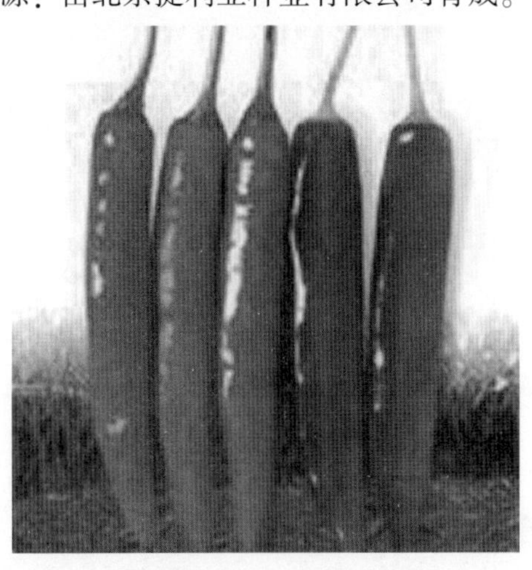

特征特性：株型半开展，长势强；果实为大果，果长12～15厘米，果肩径1.8～2.3厘米，单果重17～18克；辣味较强，干椒光泽明亮，质量优秀，商品性佳；短果现象少，抗病毒能力较强，坐果力好。每667平方米生产鲜椒为1 000～2 000千克，晒干后约为150～250千克。

栽培要点：育苗移栽适宜苗龄55天左右，适宜定植期4月下旬至5月中旬，大小行种植，大行66厘米，小行50厘米，株距30厘米；露地直播适宜播期为4月上中旬，每667平方米用种量500克左右，定植密度为3 600株左右。重施磷、钾肥作基肥，每667平方米用过磷酸钙25～50千克，有机肥2 500千克，混匀后穴施或沟施；适当追肥，在结果期和盛果期适时追施钙肥和钾肥，同时加强田间管理，及时中耕锄草。

11. 国塔 102

品种来源：由北京市农林科学院蔬菜研究中心育成。

特征特性：干鲜两用，中早熟，半直立株型；果实长羊角形，果长 15 厘米左右，果肩径 2.0 厘米，果肉厚约 0.2 厘米，单果重 24～27 克；青果绿色，老熟果鲜红色，果面光滑；辣味浓，辣椒红素含量高；持续坐果能力强，单株坐果 40 个以上；抗病毒病和青枯病。每 667 平方米生产鲜椒 3 000千克左右，干椒可达 400 千克左右，适于全国各地露地或保护地种植。

栽培要点：育苗移栽适宜苗龄 60 天左右，适宜定植期 4 月下旬至 5 月中旬，小高畦栽培，行距 50～60 厘米，株距 35～40 厘米；露地直播适宜播期为 4 月上中旬，每 667 平方米用种量 400～450 克，定植密度为 3 500～4 000株。重施有机肥，追施磷钾肥，注意钙肥施用，果实膨大期避免发生缺钙现象。干椒生产时果实完全着色后采收，并在充分成熟后再自然晾干或烘干，避免暴晒。

12. 猪大肠辣椒

品种来源：甘肃省地方品种。

特征特性：中熟，生长势中等，株高 95 厘米，株幅 55 厘米，主茎高 30 厘米左右；茎深绿色，有棱，叶卵圆形，叶长 12.9 厘米，叶正面深绿色，背面浅绿色；第 10 节上着生第一花序；果实长锥形，离果肩 1/3 处有横纵沟，使果实弯扭似猪大肠；味较辣，果面有明显纵沟 4 条，果肉质较细，肉较厚；单果重 207 克，每 667 平方米生产鲜椒 2 000 ~4 000千克。

栽培要点：育苗移栽适宜苗龄 50 天左右，适宜定植期 4 月中旬，大行 70 厘米，小行 45 厘米，株距 42 厘米；露地直播适宜播期为 3 月下旬至 4 月上中旬，地膜覆盖，每 667 平方米用种量 500 克左右，定植密度为 3 000 ~ 3 500 株。培育壮苗，低温锻炼，定植点浇，苗期防徒长；见门椒浇水，及时摘除基部老叶和腋芽。随坐果数的增加，满足水、肥要求，分期采收青红椒。

13. 红都

品种来源：韩国引进。

特征特性：植株生长旺盛，株高 70 ~ 80 厘米，开展度 60 厘米左右；果型顺直、美观，果长 13 ~ 16 厘米，果肩径2.0 ~

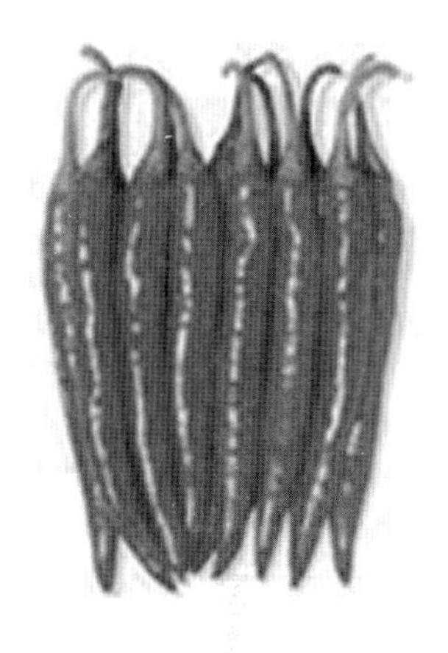

2.3 厘米，鲜果重 16～18 克，干果重 3～4 克；干椒呈紫红色，无黄心；辣味强，椒皮厚，干椒色素含量高，色价高达 14 以上；抗病力强，耐热、耐旱、耐涝。每 667 平方米生产鲜椒 2 000千克左右，干椒 300～400 千克。

栽培要点：育苗移栽适宜苗龄 60 天左右，适宜定植期 5 月中上旬，行距 60 厘米，株距 30 厘米；露地直播适宜播期为 4 月上中旬，每 667 平方米用种量 450 克左右，定植密度为 3 500株左右。施足底肥，定植后加强田间管理，适时采收，轻收勤收，及时追肥补水，综合防治病虫害。

14. 京椒 2 号

品种来源：由北京市农林科学院蔬菜研究中心选育。

特征特性：中早熟，植株生长势强，株高 75 厘米左右，开展度 70 厘米左右；分枝力强，首花节位 10～12 节；果实粗

羊角形，果长 22 ~ 25 厘米，果肩径 3.3 厘米，肉厚 0.3 厘米，单果重 70 克左右；连续结果能力强，单株结果可达 50 个以上；青熟果绿色，成熟果红色；中辣，果面光滑有光泽，肉厚空腔小；较抗病毒和疫病。每 667 平方米生产鲜椒 3 000 ~ 4 000千克。

栽培要点：育苗移栽适宜苗龄 55 ~ 60 天，适宜定植期 4 月下旬，小高畦地膜覆盖，宽窄行栽培，平均行距 50 厘米，株距 30 厘米，双株栽培；露地直播适宜播期为 4 月上中旬，每 667 平方米用种量 400 克左右，定植密度为 4 500株左右。定植前施足底肥，以腐熟农家肥为主，配合磷钾肥。定植后加强肥水管理，适时浇水，同时要注意防治病虫害，及时采收。

15. 永优新辣二

品种来源：由广东省深圳市永利种业有限公司选育。

特征特性：中早熟，干鲜两用，株型紧凑，株高 53 厘米左右，开展度 64 厘米；果实羊角形，果肩平，果顶锐尖，果长 17 厘米左右，果肩径 1.9 厘米，肉厚 0.22 厘米，平均单果重 20 克左右；成熟果为亮红色，果面光滑，果皮较厚，果形

较直；较辣，风味好；抗逆性强，较抗疫病、炭疽病、疮痂病和病毒病，较耐高温、干旱，特别是在雨水较多的地区较同类品种不易落花落果。一般每 667 平方米生产鲜椒 3 500 千克左右。

栽培要点：育苗移栽适宜苗龄 55 天左右，适宜定植期 4 月下旬，小高畦栽培，定植行株距 60 厘米 × 35 厘米；露地直播适宜播期为 3 月下旬至 4 月上中旬，地膜覆盖，每 667 平方米用种量 430 ~ 450 克，定植密度为 3 000 ~ 3 500 株。种植过程中重施有机肥，追施磷钾肥，注意钙肥施用，果实膨大期避免发生缺钙现象。

（二）线椒类型

1. 线椒 8819

品种来源：由原陕西省蔬菜研究所与宝鸡市农业技术推广中心等单位合作育成。

特征特性：中早熟，株型矮小紧凑，生长势强，株高约 75 厘米；果实簇生，长指形，果长 15 厘米左右，单果鲜重

7.4 克；成熟果深红色、有光泽，干椒色泽红亮，果面皱纹细密；辣味适中，商品性佳；具有良好的抗病性、丰产性、稳产性和多种加工的特性。一般每 667 平方米产干椒 300 千克以上。

栽培要点：育苗移栽适宜的苗龄 45～55 天，适宜定植期 4 月下旬，行距 70 厘米，株距 20 厘米；露地直播适宜播期为 3 月下旬至 4 月上中旬，地膜覆盖，每 667 平方米用种量 500 克左右，定植密度为 4 500 株左右。及时打杈，增施磷钾肥，轻灌水。辣椒主根不发达，需多次培土成垄，防止倒伏的发生。需改善土壤的通透性和保水、保肥、排涝的能力。

2. 辛香八号

品种来源：由江西农望高科技有限公司育成。

特征特性：早中熟，株高 55 厘米，开展度 56 厘米；始花节位为第 11 节；果长 22～25 厘米，果肩径 1.7 厘米，果肉厚 0.2 厘米，单果重 21 克；青果绿色，老熟果鲜红色；果面微皱、有光泽，辣味浓；抗病毒、疫病、枯萎等多种病害。每 667 平方米产量可达 2 500～3 000 千克。

栽培要点：育苗移栽适宜的苗龄 60 天左右，2 月下旬至 3

月上旬播种育苗，适宜定植期4月下旬至5月上旬，小高畦栽培，行距60厘米，株距25厘米；露地直播适宜播期为4月上中旬，每667平方米用种量400～450克，定植密度为4 500株左右。种植土壤以沙壤土为宜，排灌方便，施足以有机肥为主的基肥。注意花果期追肥。生长期摘去门椒以下的侧芽，收获期勤采勤收。注意病虫害防治。

3. 辣丰三号

品种来源：由广东省深圳市永利种业有限公司选育而成。

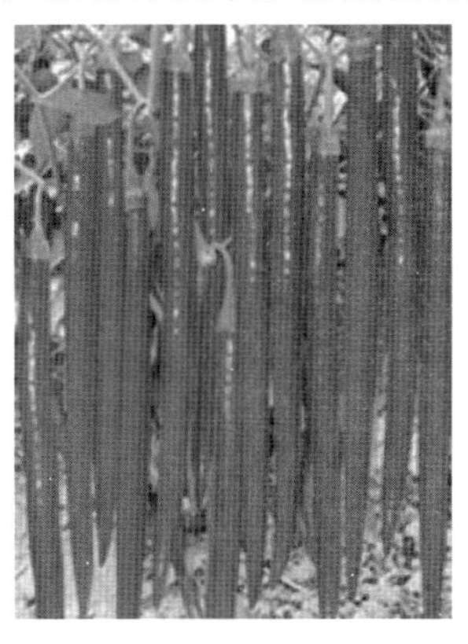

特征特性：中熟，植株生长势旺，分枝多，节间较密，株高55～65厘米，株幅50～60厘米；果实细长羊角形，整齐而美观，果长18～20厘米，果肩径1.2～2.2厘米，单果重15～20克；连续坐果能力强，节节有果；青果深绿色，红果颜色鲜亮；辣味较强且辣中带甜，口感好；抗病，不易死苗，连续收获期长。一般667平方米生产鲜椒3 500千克左右。

栽培要点：育苗移栽适宜的苗龄50～55天，适于南方夏秋栽培，适宜定植期8月中下旬；露地直播适宜播期为7月中下旬，每667平方米用种量450克左右，定植密度为3 500～4 000株。播种出苗至移栽前7天，要适当控制高温，使幼苗稳健生长；移栽后勤浇肥水，用瑞毒霉、甲霜灵锰锌、杀毒矾防治疫病，用阿维菌素、吡虫啉防治蚜虫。

4. 辣丰四号

品种来源：由广东省深圳市永利种业有限公司选育而成。

特征特性：干鲜两用，中熟，全生育期196天，从定植至始收85天左右；株高65.1厘米，株幅59.0厘米，平均分枝次数7.7次；果实单生向下，细长，果长17.8厘米，果肩径1.25厘米，单果鲜重9.61克，干重1.62克；果实光亮有皱，青果浅绿色，熟果鲜红色，干椒深红色；果味辛辣，商品性好；单株结果26.12个。

栽培要点：育苗移栽适宜的苗龄50天左右，2月中下旬播种育苗，适宜定植期4月中下旬至5月上旬；露地直播适宜播期为3月下旬至4月上中旬，地膜覆盖，每667平方米用种量420~450克，定植密度为4 000株左右。每667平方米施腐熟有机肥5 000千克，三元复合肥20千克。在定植后到第一层花开放以前，要足肥，足水，促进多枝，多开花，多结果。除施氮肥外，还要增施磷、钾肥。

5. 湘辣七号

品种来源：由湖南湘研种业有限公司选育。

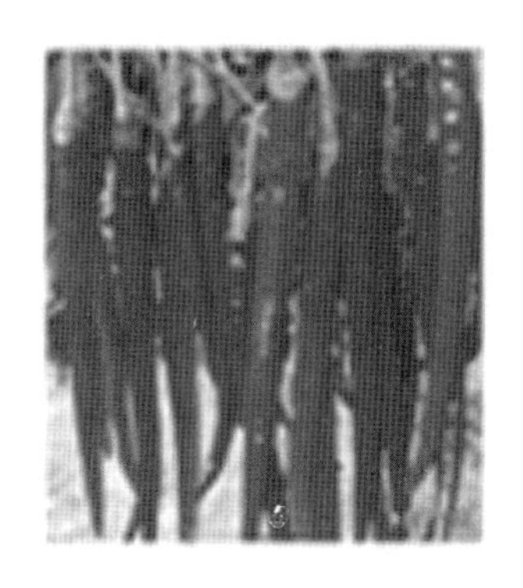

特征特性：中熟，植株生长势较强，株型好，分枝多，叶片小；果实细长、顺直，果长19～22厘米，果肩径约1.8厘米，单果重22克左右；青果深绿色，老熟果红色；味辣，有香味；前后期果实一致性好；果实红熟后硬，耐储运；耐湿热、干旱，综合抗性强。

栽培要点：育苗移栽适宜的苗龄50～55天，2月下旬至3月上旬播种育苗，适宜定植期5月上旬；露地直播适宜播期为4月中上旬，每667平方米用种量450克左右，定植密度为3 500株左右。选择肥沃、排水方便的沙壤土，重施有机肥，加强中后期肥水管理和病虫害防治。

6. 辛鹤1号

品种来源：韩国引进。

特征特性：植株直立，生长势强，株高80厘米，开展度80厘米；果实羊角形，果长12～16厘米，果肩径1.5～2.5厘米；干椒呈紫红色，平整光滑，单果重3.5～4克；单株结果数为20～30个；高抗病毒病；产量高，每667平方米可达300～400千克。最突出特点是色素含量比地方品种高50%左

右，是提取天然色素，加工出口的优质干椒品种。

栽培要点：育苗移栽适宜的苗龄 50 天，适宜定植期 4 月中旬；露地直播适宜播期为 3 月下旬至 4 月上中旬，地膜覆盖，每 667 平方米用种量 420 ~ 450 克，定植密度为 3 500 ~ 4 000株。辣椒幼苗期及时防治猝倒病和灰霉病，移栽时及时防治地老虎，大田期及时防治各种病虫害。

7. 辛鹤 2 号

品种来源：韩国引进。

特征特性：植株直立，生长势强，二杈状分枝，基生侧枝 3 ~ 5 个，株高 80 厘米，开展度 80 厘米；果实羊角型，果长 12 ~ 16 厘米，果肩径 2. 8 ~ 3. 5 厘米；果实成熟晾干后为紫红色，平整光滑，干椒单果重 3. 5 ~ 4 克；单株结果数为 20 ~ 30 个；抗病性强，具有良好的丰产性、稳产性和多种加工的特性。一般每 667 平方米生产干椒 300 ~ 400 千克。

栽培要点：育苗移栽适宜的苗龄 45 ~ 50 天，适宜定植期

4 月下旬；露地直播适宜播期为 4 月中旬，每 667 平方米用种量 450 ~480 克，定植密度为 4 000株左右。因结果多，采收期长，应施足基肥，多施磷钾肥，及时防治病虫害。

8. 长虹

品种来源：韩国引进。

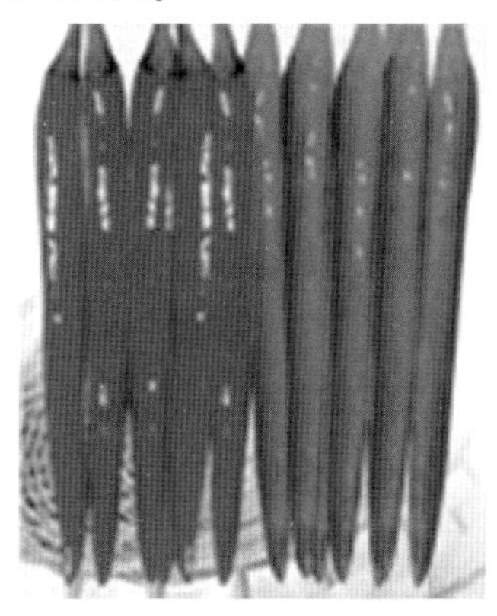

特征特性：干鲜两用，中早熟，植株生长旺盛，株高75 ~80 厘米；果长 22 ~27 厘米，果肩径 1. 5 ~1. 8 厘米；抗病性极

强，高抗炭疽病以及高温引起的日烧病和疫病；辣味浓，果皮较薄，干物质多；连续坐果能力强，商品性好。

栽培要点：育苗移栽适宜的苗龄 40～45 天，3 月上旬播种育苗，适宜定植期 4 月下旬至 5 月上旬，起垄覆膜定植，大行 60 厘米，小行 40 厘米，株距 30 厘米；露地直播适宜播期为 4 月上中旬，每 667 平方米用种量 450 克左右，定植密度为 4 500株左右。每 667 平方米施有机肥 4 000～5 000千克、磷酸二铵 25 千克作基肥。浇水一般结合追肥进行，均以小水浇灌为主，水量不超过垄高的 2/3。门椒开花时注意防治辣椒疫病，注意防治蚜虫。

9. 红圣

品种来源：由江西农望高科技有限公司选育。

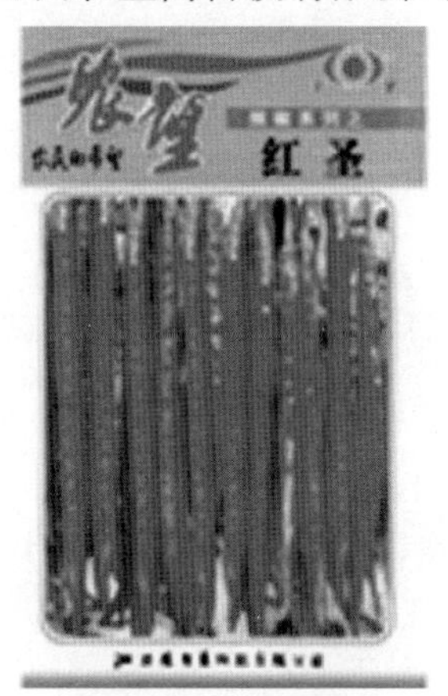

特征特性：早中熟，株型紧凑，株高 58 厘米，株幅 60 厘米；分枝力强，节间短，叶片小，连续坐果能力强；果实细长羊角形，果长 20～22 厘米，果肩径 1.6 厘米左右，单果重 18～20 克；辣香味浓，口感好；上下果整齐美观，耐储藏运输，商品性好；抗病，不易死苗，采收期长，产量高。

栽培要点：育苗移栽适宜的苗龄60～65天，2月下旬至3月上旬播种育苗，适宜定植期5月上旬，参考行距55～60厘米，株距40厘米；露地直播适宜播期为3月下旬至4月上中旬，每667平方米用种量430克左右，定植密度为3 000株左右。该品种喜水肥，重施基肥，盛椒期注意及时追施速效肥料。

10. 黑斤长

品种来源：由河南欧兰德种业有限公司选育而成。

特征特性：中熟，生长势强，叶片小，株型紧凑；果长21～24厘米，果肩径1.6～1.8厘米；青果深绿色，老熟果红色；辣度强，口感佳；耐湿热；硬度较好，耐储运；坐果量大，前后期果实一致性好，产量超高。

栽培要点：育苗移栽适宜的苗龄60～65天，2月下旬播种育苗，适宜定植期5月中上旬；露地直播适宜播期为4月上中旬，每667平方米用种量480克左右，定植密度为3 000～3 500株。椒条顺直光滑，光泽度好。适宜在嗜辣的丘陵、山区或平原地区作中熟高产栽培。重施有机肥，加强中后期肥水管理和整个生育期病毒病等病虫害防治。调整温度光照等条件以满足前期坐果要求，低温或者弱光会导致坐果不良。

11. 辛香 21 号

品种来源：由江西农望高科技有限公司选育。

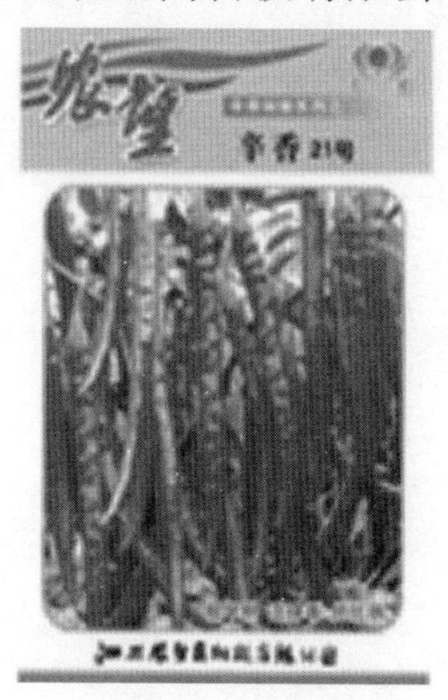

特征特性：极早熟，株高 50 厘米，株幅 56 厘米，分枝力强、叶片小；果长 18～20 厘米，果肩径 1.6 厘米，肉厚 0.15 厘米，单果重 20 克；耐低温弱光，耐高温，抗疫病、病毒病、枯萎病等多种病害；连续坐果力强，每 667 平方米生产鲜椒可达 3 600千克。

栽培要点：育苗移栽适宜的苗龄 50～55 天，2 月下旬至 3 月上旬播种育苗，适宜定植期 4 月下旬至 5 月上旬，小高畦栽培，株距 35～40 厘米，行距 50～60 厘米；露地直播适宜播期为 4 月上中旬，每 667 平方米用种量 500 克左右，定植密度为 3 000～3 800株。培育壮苗，分级栽培，加强水肥管理。

12. 国线 313

品种来源：由河南欧兰德种业有限公司选育而成。

特征特性：中熟，植株生长势强；果实细长、顺直，果长

可达20～23厘米，果肩径约1.8厘米；青果深绿色，老熟果鲜红色有光泽；味特辣，有香味，商品性好；红果硬实，耐储耐运；耐湿耐热耐干旱，坐果性好，综合抗性强。尤其适合在喜欢吃辣的丘陵、山区或平原地区作高产栽培。

栽培要点：育苗移栽适宜的苗龄65天，3月上旬播种育苗，适宜定植期4月下旬至5月上旬；露地直播适宜播期为4月中上旬，每667平方米用种量450～480克，定植密度为3 000～3 200株。为了适合本品种连续坐果和高产的特点，务必重施基肥和有机肥，更要注意在结果中后期追施速效有机肥、氮肥和钾肥，做好病虫害防治。

13. 绿宝贝

品种来源：由河南欧兰德种业有限公司选育而成。

特征特性：干、鲜、加工三用，早中熟，株高62厘米，株幅60厘米；果实长羊角形，果长22～28厘米，果径1.5厘米，单果重23克左右；味辣而香浓，综合性状表现优异；连续坐果能力强，节节有果，一般每667平方米生产鲜椒4 000千克左右。

栽培要点：育苗移栽适宜的苗龄 60 天，3 月上旬播种育苗，适宜定植期 5 月中旬，参考行距 55～60 厘米，株距 40 厘米；露地直播适宜播期为 3 月下旬至 4 月上中旬，地膜覆盖，每 667 平方米用种量 420～470 克，定植密度为 3 000株左右。该品种喜水肥，重施基肥，盛椒期注意及时追施速效肥料。

14. 黄宝贝

品种来源：由河南欧兰德种业有限公司选育而成。

特征特性：干、鲜、加工三用，早熟，果实长羊角椒，果

长 23～26 厘米，果肩径 1.6 厘米，单果重 25 克左右，商品性好；味辣而香浓，综合性状优秀；抗逆性强，高抗病毒病、疫病、炭疽病等；适应性广，连续收获期长，每 667 平方米生产鲜椒 4 500千克左右。

栽培要点：育苗移栽适宜的苗龄 60 天，3 月上旬播种育苗，适宜定植期 5 月上旬，参考行距 60 厘米，株距 40 厘米；露地直播适宜播期为 4 月上中旬，每 667 平方米用种量 450～500 克，定植密度为 3 000株左右。该品种喜水肥，重施基肥，盛椒期注意及时追施速效肥料。

15. 绿皇剑

品种来源：由河南欧兰德种业有限公司选育而成。

特征特性：干、鲜、加工三用，早中熟，株高 62 厘米，株幅 60 厘米；果实长羊角形，果长 25～30 厘米，果肩径 1.6 厘米，单果重 25 克左右，品质佳；味辣而香浓，综合性状表现优异；连续坐果能力强，节节有果，每 667 平方米生产鲜椒

4 500千克左右。

栽培要点：育苗移栽适宜的苗龄55天，2月下旬，适宜定植期4月下旬；露地直播适宜播期为4月上中旬，每667平方米用种量500克左右，定植密度为3 500～4 000株。定植地以沙壤土为宜，施足以有机肥为主的基肥，深沟高垄，便于排水防涝。

16. 国福403

品种来源：由北京市农林科学院蔬菜研究中心选育。

特征特性：生长势强，植株有短绒毛；连续坐果能力强，果长24厘米左右，果肩径1.5厘米左右，单果重24克左右；青熟果深绿色，成熟果红色，果面光亮；辣味浓；高抗TMV，抗CMV，耐贮运。可溶性糖含2.48%，可溶性固形物含5.2%，适宜露地栽培。

栽培要点：育苗移栽适宜的苗龄55～60天，2月上旬播种育苗，适宜定植期4月下旬，小高畦栽培，株距35～40厘米，行距50～60厘米；露地直播适宜播期为4月上中旬，每667平方米用种量500克左右，定植密度为3 000～4 000株。栽培过程中应重施有机肥，追施磷钾肥，同时注意钙肥的施用，果实膨大期避免发生缺钙现象。注意防治病虫害，搭支架栽培，以防倒伏。北方保护地及露地种植，华南地区露地种植。

17. 湘妃

品种来源：由湖南湘研种业有限公司育成。

特征特性：中熟，始花节位为第 12 节左右；果实羊角形，果长 21.7 厘米，果肩径 1.9 厘米，果肉厚 0.24 厘米，单果重 20.8 克；青果绿色，成熟果红色，果表微皱，果面有光泽；味较辣；抗病毒病、炭疽病、疫病及青枯病。

栽培要点：育苗移栽适宜的苗龄 60～65 天，2 月下旬播种育苗，适宜定植期 5 月上旬，行距 60 厘米，株距 40 厘米；露地直播适宜播期为 4 月上中旬，每 667 平方米用种量 480 克左右，定植密度为 3 000株左右。施足底肥，定植后加强田间管理，适时采收，轻收勤收，及时追肥补水，综合防治病虫害。

18. 香辣6号

品种来源：由河南省郑州市华为种业有限公司培育而成。

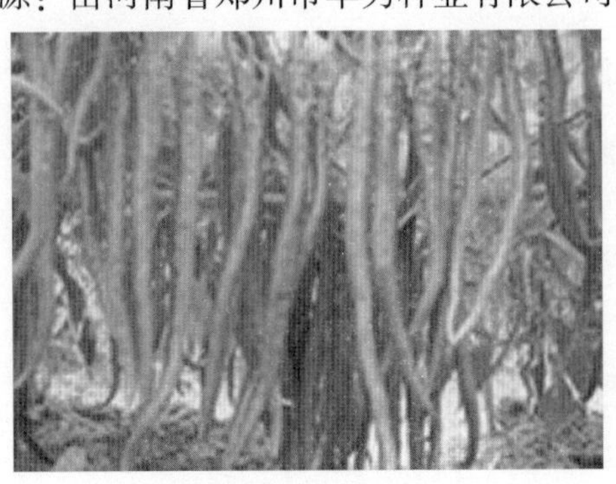

特征特性：干、鲜两用，中早熟，植株长势强且稳，分枝能力强，开展度65厘米左右；节节有果，果长22～26厘米，果宽1.5厘米左右，单果重20～25克；青果浅绿色，成熟果鲜红发亮；辣味适中，辣中带香，口感脆软；挂果集中，整个采收期上下层果实基本一致，采收期长；耐热，高抗病毒病。一般每667平方米生产鲜椒3 800千克以上。

栽培要点：育苗移栽适宜的苗龄50～60天，2月下旬至3月上旬播种育苗，适宜定植期4月下旬至5月上旬，行距70厘米，株距30厘米；露地直播适宜播期为4月上中旬，每667平方米用种量500克左右，定植密度为3 200株左右。及时打杈，增施磷钾肥，轻浇水。盛果期注意及时追施速效肥料，综合防治病虫害。

19. 二金条

品种来源：四川省地方品种。

特征特性：植株较高大，生长势强，株高80～85厘米，开展度76～100厘米；果实细长，果长18～20厘米，果肩径1

厘米，肉厚0.6～1.0厘米；嫩果绿色，老熟果深红色；辣味较浓，果面光泽好；较抗病毒病，产量中等。

栽培要点：育苗移栽适宜的苗龄60天，3月上旬播种育苗，适宜定植期5月上旬，小高畦栽培，行距50～60厘米，株距35～40厘米；露地直播适宜播期为4月上中旬，每667平方米用种量400克左右，定植密度为3 500～4 000株。种植过程中重施有机肥，追施磷钾肥，注意钙肥施用，果实膨大期避免发生缺钙现象。

20. 辣丰红冠

品种来源：由广东省深圳市永利种业有限公司选育。

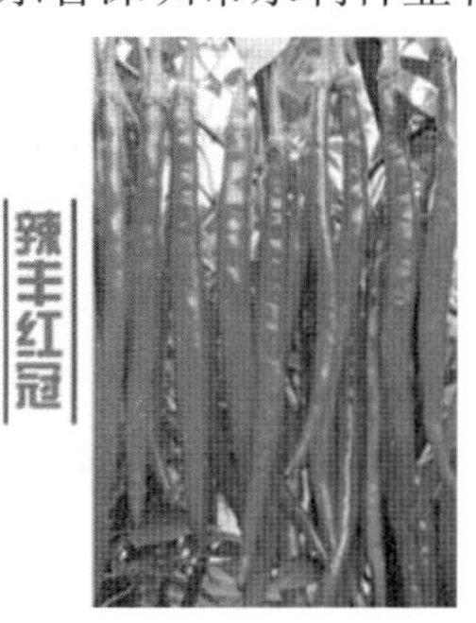

特征特性：中熟，植株生长势旺，分枝多，节间较密，株

高61厘米左右，株幅58厘米左右；果实长羊角形，果长26厘米左右，果肩径1.5厘米左右，单果重22克左右；青熟果绿色，红果鲜艳；辣味较强，果实皮薄，顺直，肉厚，空腔小；抗病性强，不易死苗，极耐储运；连续坐果能力强，产量高，一般每667平方米生产鲜椒4 000千克左右。

栽培要点：育苗移栽适宜的苗龄50～55天，2月下旬至3月上旬播种育苗，适宜定植期4月下旬至5月上旬，参考行距60厘米，株距25～30厘米；露地直播适宜播期为4月上中旬，每667平方米用种量400～450克，定植密度为3 700株左右。果实由青转红前应喷施钙钾肥，雨季注意排水防涝。重施磷钾肥，配合叶面施肥。

（三）朝天椒类型

1. 新三樱八号

品种来源：由河南省郑州市华为种业有限公司选育。

特征特性：早熟，株高55厘米左右；果实簇生向上，果长4～5厘米，果肩径1厘米；果实香辣，成熟果红色，颜色

油亮；坐果率高，单簇12个左右，成熟一致，商品性好；抗逆能力强，不易花皮裂皮。一般每667平方米生产干椒225～300千克，高产可达400千克以上。

栽培要点：育苗移栽适宜的苗龄60天，2月下旬拱棚育苗，适宜定植期4月下旬至5月上旬；露地直播适宜播期为4月上中旬，一般在当地地温稳定在15℃以上为宜，每667平方米用种量500克左右，定植密度为4 500株左右。定植后要及时浇水、中耕、除草、培土，及时摘心。注意加强田间肥水管理，做好排水防涝工作。

2. 博辣天骄

品种来源：由湖南省蔬菜研究所选育。

特征特性：中熟，首花节位20节左右，主茎高30厘米左右，株高61厘米左右，株幅52厘米左右；果实簇生，果长7.0厘米左右，果肩径1.0厘米左右，果肉厚0.14厘米左右；鲜椒单果重5克左右，成熟时果实绿色转红色。

栽培要点：育苗移栽适宜的苗龄60天左右，适宜定植期4月下旬至5月上旬；露地直播适宜播期为4月上中旬，每

667 平方米用种量 450～500 克，定植密度为 4 000～4 500株。注意病毒病及生理缺钙现象的防治，以防为主；注意田间水分管理，大量开花期禁止浇水，以防大量落花，影响产量。

3. 神英 1 号

品种来源：由河南欧兰德种业有限公司培育。

特征特性：干鲜两用，早熟，果实细长羊角形，果尖钝尖，果长 5 厘米左右，果肩径 1 厘米左右；果实簇生性极好，椒型整齐，坐果多，单簇结果 7 个左右；嫩果绿色，老熟果鲜红色，红椒转色一致；辣度强，有辛香味。

栽培要点：育苗移栽适宜的苗龄 60 天左右，适宜定植期 5 月上旬；露地直播适宜播期为 4 月中旬，每 667 平方米用种量450 克，定植密度为 4 000株左右。合理施肥，重施基肥、有机肥和磷钾肥。适宜沙质土壤种植，做好病毒病、飞虱等病虫害的防治。

4. 兰博一号

品种来源：国外引进。

特征特性：早熟，株高72厘米左右，株幅约35厘米；果实簇生，果长5～7厘米，果肩径0.9～1.1厘米；每株7～8簇，结果130～150个，平均单果重3克；果实成熟时深红色，转色一致，商品性好；辣味强，干物质含量高，干椒不易褪色；抗性好，抗病能力较强。

栽培要点：育苗移栽适宜的苗龄50～55天，适宜定植期5月上旬；露地直播适宜播期为4月中上旬，每667平方米用种量400克左右，定植密度为4 200株左右。坐果后，每20天追肥一次，注意多施磷肥、钾肥、锌肥，花期少量喷施硼砂增加坐果率，小果期可喷施磷酸二氢钾叶面肥以增产。

5. 天圣

品种来源：韩国引进。

特征特性：干鲜两用，中晚熟，株高100～120厘米，开

展度 50 厘米；果实朝天簇生，果长 5 ~ 6 厘米，果肩径 1 厘米左右，单果重 3 ~ 4 克；坐果力强，每簇结 6 ~ 7 个果实；果实成熟后深红色，极辣；抗花叶病毒病。每 667 平方米产干椒可达 350 ~ 450 千克。

栽培要点：育苗移栽适宜的苗龄 60 天，适宜定植期 5 月中旬；露地直播适宜播期为 4 月中上旬，每 667 平方米用种量 400 克左右，定植密度为 4 000 ~ 4 500 株。加强水肥管理，可适当多施钾肥，喷施锌肥、硼肥，做好病毒病、疫病等辣椒常见病害的防治。

6. 天复

品种来源：由北京捷利亚种业有限公司育成。

特征特性：干鲜两用，中晚熟，植株高大，果实朝天簇生，果长 6 ~ 7 厘米，果肩径约 1 厘米，单果重 3 ~ 4 克；坐果力强，每簇结 6 ~ 7 个果实；辣味很浓，整齐度高，色泽好；抗花叶病毒病。

栽培要点：育苗移栽适宜的苗龄 55 天，适宜定植期 5 月中旬；露地直播适宜播期为4月中上旬，每667平方米用种量400克，定植密度为4 500株。注意防止病毒病及生理缺钙现象的发生，以防为主；注意田间水分管理，大量开花期禁止浇水，以防大量落花，影响产量。

7. 天丹

品种来源：由北京捷利亚种业有限公司育成。

特征特性：干鲜两用，中熟，植株生长旺盛；单生果，果形整齐美观，果长6~7厘米，果肩径0.6~0.8厘米，单果重3.0~4.0克；干椒表面无褶皱，味辛辣，坐果力强，产量高；耐热性、抗病性强。

栽培要点：育苗移栽适宜的苗龄60天，适宜定植期5月上旬；露地直播适宜播期为4月上中旬，每667平方米用种量450克，定植密度为4 300株。定植后要及时浇水、中耕、锄草、培土，及时摘心。注意加强田间肥水管理，做好排水防涝工作。

8. 单生六号

品种来源：韩国引进。

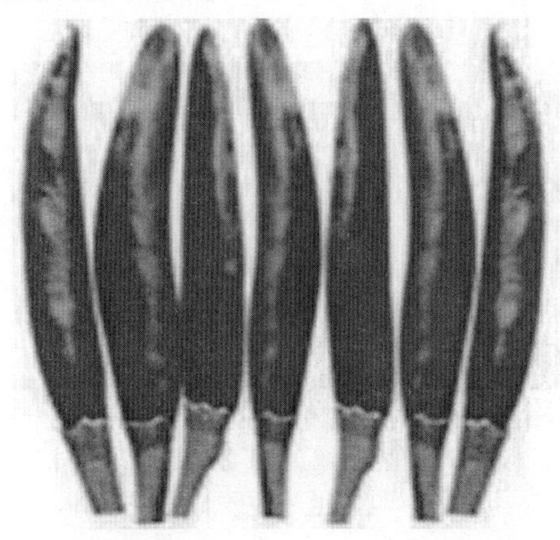

特征特性：中早熟，生长势中强，株高 55 ~ 65 厘米；果实单生，果长 4.0 ~ 6.0 厘米，果肩径 0.5 ~ 0.7 厘米；连续坐果能力极强，单株坐果 300 ~ 500 个；鲜果果皮鲜红光亮，干果果皮颜色深红；辣味较浓；抗病力强，抗疫病、炭疽病，抗倒伏。

栽培要点：育苗移栽适宜的苗龄 50 天，适宜定植期 4 月下旬至 5 月上旬；露地直播适宜播期为 3 月下旬，每 667 平方米用种量 430 ~ 480 克，定植密度为 3 600株。选择前茬未种过茄科作物和排水良好的地块种植，重施底肥，适时追肥，中耕培土，加强田间管理。及时防治病虫害。

9. 改良新一代

品种来源：由河南省郑州市华为种业有限公司选育。

特征特性：干鲜两用，株高 70 ~ 75 厘米；果实簇生向上，果长 4 厘米，果肩径 1 厘米左右，单果干重 0.4 克左右；味极

辣，辣椒素含量0.8%左右；成熟果鲜红色；坐果率高，后期青果少，不易花皮、裂纹，商品性强；特抗病、耐涝。一般每667平方米生产鲜辣椒1 500～2 000千克，干辣椒350～400千克，最高可达到450千克以上。

栽培要点：育苗移栽适宜的苗龄65天，适宜定植期5月上中旬，移栽行株距60厘米×30厘米；露地直播适宜播期为4月上中旬，每667平方米用种量400～450克，定植密度为3 500～4 000株。定植前要施足腐熟有机肥作为基肥，后期结合浇水要追施尿素，并向植株根部培土形成高垄。在辣椒3～4层果采摘后，要增施保秧壮果肥。

10. 华为奔月

品种来源：由河南省郑州市华为种业有限公司选育。

特征特性：株高50厘米左右，开展度40厘米；花开向下，果实簇生向上，果长8～9厘米；成熟果鲜红色，油亮，不易花皮裂皮，商品性好；辣味香浓，坐果率高，成熟一致。与一般三樱椒相比抗逆性更强、辣味更浓、商品性更好、产量

有着显著的提高，品种优势十分明显。一般每667平方米生产干椒375千克，高产可达500千克以上。

栽培要点：育苗移栽适宜的苗龄53天，适宜定植期4月下旬至5月上旬，株距40～45厘米，行距55～60厘米；露地直播适宜播期为3月下旬至4月上中旬，地膜覆盖，每667平方米用种量480克左右，定植密度为3 000～3 500株。要小水勤浇，及时追肥，大雨后注意排水。去除底部侧枝1～3节，促进通风和坐果。果实开始变红后，控制水分，促进果实变红。

11. 天宇3号

品种来源：韩国引进。

特征特性：中晚熟，植株高大，长势旺盛，果实簇生，果长5～6厘米，果肩径1.0厘米；坐果力强，每簇结果约6～7个，平均单株结果400个左右；味辛辣，果实易干制，不皱皮，椒形美观；抗病毒病、枯萎病。每667平方米生产干椒400～500千克。

栽培要点：育苗移栽适宜的苗龄55～60天，3月上中旬大棚育苗，适宜定植期4月下旬至5月上旬，株距40～45厘

米，行距55～60厘米；露地直播适宜播期为3月下旬至4月上中旬，地膜覆盖，每667平方米用种量450克左右，定植密度为3 000～3 500株。定植后浇足水。去除底部侧枝1～3节，促进通风和坐果，防止节位过长。大量开花期禁止浇水，防止大量落花。

12. 天宇5号

品种来源：韩国引进。

特征特性：中熟，生长旺盛，株高 120～150 厘米，单株分枝 7～10 个；果实簇生，每簇 6～7 个果，果长 5～6 厘米，果肩径 0.6 厘米；结果性强，单株结果 200 个以上，最多可达 700 个；果形圆直，颜色浓红，辣度极高；结果集中，熟性一致，易干制，利于采收；高抗枯萎病、病毒病。每 667 平方米生产干椒 500～600 千克。

栽培要点：育苗移栽适宜的苗龄 50～55 天，3 月上中旬大棚育苗，适宜定植期 4 月下旬；露地直播适宜播期为 3 月下旬至 4 月上中旬，地膜覆盖，每 667 平方米用种量 400 克左右，定植密度为 3 500株左右。坐果期 20 天追施一遍钙肥，雨季注意预防因坐果较多、果重可能引起的倒伏。

13. 指天 1 号

品种来源：由江西农望高科技有限公司选育。

特征特性：干鲜两用，中晚熟，株型紧凑，株高65厘米，株幅66厘米；果实单生，小羊角形，果长5~6厘米，果肩径0.8~1.0厘米；分枝强，着果多，单株挂果可达250个以上；嫩果绿色，熟后鲜红，透亮，籽多；辣味特强，果实着色好且均匀；硬度好，耐贮运。产量较高，每667平方米产鲜椒可达3 200千克。

栽培要点：育苗移栽适宜的苗龄50~55天，2月下旬拱棚育苗，适宜定植期4月下旬至5月上旬；露地直播适宜播期为4月上中旬，每667平方米用种量450克左右，定植密度为4 000~5 000株。重施磷钾肥，配合叶面施肥。加强田间管理，及时防治各种病虫草害。

14. 辣丰小米辣

品种来源：由广东省深圳市永利种业有限公司选育。

特征特性：干、鲜两用，中熟，植株长势旺盛，直立，枝条硬，株高85~110厘米；果实单生朝天，小米椒形，果尖钝圆，果长7~8厘米，果肩径1.3~1.5厘米，单果重4~5克；青熟果白色，红熟果鲜红；辣味特强，品质佳；果肉较厚，耐

储运；连续坐果能力强，坐果多，产量高；高抗病毒病，耐湿热。

栽培要点：育苗移栽适宜的苗龄60天左右，2月下旬拱棚育苗，适宜定植期4月下旬；露地直播适宜播期为3月下旬至4月上中旬，每667平方米用种量450克，定植密度为4 500株左右。椒苗长至14片叶时要及时摘心打顶，生长期及时追肥、浇水。果实由青转红前应喷施钙钾肥，雨季注意排水防涝。

15. 邵阳朝天椒

品种来源：湖南省地方品种。

特征特性：晚熟，植株高大，略向上直立，平均株高86厘米，株幅68厘米；果实簇生，长圆锥形，果顶尖，果长9厘米，果肩径1.2厘米，上有数道横纹，单果鲜重6克；坐果多而集中，每4~7个果为一簇，最多可达11个；果实基部突出，果皮薄，果面光滑，老熟果红色，种子较多，辣味浓烈；耐旱、耐瘠薄，适应性强。每667平方米生产干椒130~150千克。

栽培要点：育苗移栽适宜的苗龄50天左右，适宜定植期4月下旬至5月上旬；露地直播适宜播期为3月中下旬至4月上中旬，地膜覆盖，每667平方米用种量400~430克，定植密度为4 800株左右。生长后期，可喷0.4%磷酸二氢钾溶液，促开花结果；灌水或降水后及时中耕，初果期间中耕培土；进入盛果期，及时拔除杂草，防治病虫害。

16. 单生红

品种来源：韩国引进。

特征特性：早熟，植株生长极旺盛，株高60～85厘米左右；果实单生，果长6～7厘米，果肩径0.6～0.7厘米；连续坐果能力强，单株坐果可达400～500个；成熟果一致性好，辣度极强；干果果皮厚，颜色深红，有光泽；抗病性强，高抗疫病和炭疽病。

栽培要点：育苗移栽适宜的苗龄55～65天，适宜定植期4月下旬；露地直播适宜播期为3月下旬至4月上中旬，每667平方米用种量500克左右，定植密度为3 500株左右。拔除苗间及垄沟内的杂草，及时追肥浇水；在主茎现蕾后、侧枝开花后应各施1次速效肥，浇2次增产水，并做好病虫害防治。

四、育苗技术

（一）小型苗床育苗

菜农小面积种植辣椒（2 000平方米以下）可通过小型育苗设施自行育苗。小型育苗设施主要包括大棚（主要是冬暖棚）内育苗和苗床育苗。其中，以后者应用较多。苗床主要有阳畦、贮热阳畦、酿热温床、火炕、电热温床等，现分述如下。

1. 阳畦和贮热阳畦

阳畦是最简单的育苗方式。

（1）床址选择。由于阳畦苗床属于冷床，其热源只能靠阳光辐射得来，因此，选好床址十分关键。床址的选择一般应遵循以下几个原则：第一，地势高燥，背风向阳。早春北风多，温度低，选择地势高燥、背风向阳的沟崖南面或山丘南坡等，可以减少冷风侵袭，早春地温回升快，有利于幼苗的健壮生长。有条件的，最好在小气候良好的庭院中育苗。第二，离定植田近，便于运苗。可以节省劳力，减少运苗过程中的散钵（坨）损失，有利于幼苗缓苗。第三，多年未种茄科蔬菜，排灌方便。

（2）建床。选好床址后，开始建床。预先根据种植面积确定苗床大小。苗床宽以 1.2 ~ 1.5 米为宜，长度可根据育苗的数量来确定，一般为 10 ~ 15 米。根据多年经验，每平方米

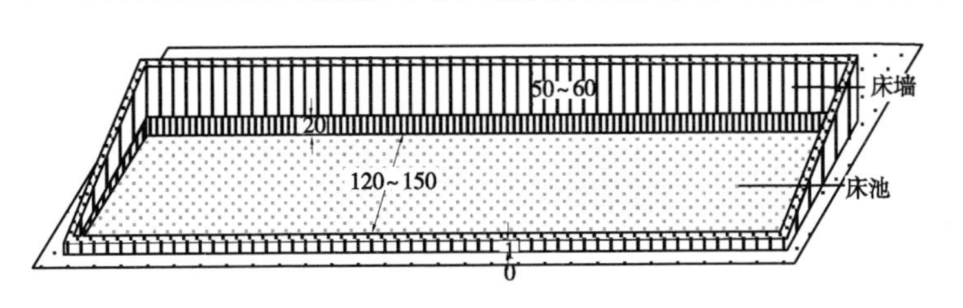

图 1　阳畦苗床图（单位：厘米）

苗床可育苗 1 000～1 200株，种植每 667 平方米辣椒需要苗床面积 5 平方米左右。

阳畦苗床（图 1）的床向一定要东西向才能充分接受阳光。建床时根据需要参照上述标准确定床形尺寸，然后按照床形尺寸，先挖 20 厘米深的床池。应注意，床池不要一下挖到尽边，要留下 10 厘米边沿，待以后修整。在挖池的同时可随用挖出的土筑床墙。床墙多数为土墙，也可用砖砌成，床墙高北面为 50～60 厘米，南面为 10 厘米，东西两端呈北高南低的斜坡，并与南北两墙相连。

用土筑墙时有两种方法，一种是用木板打墙，即在挖床池时将土翻松，并加水调湿，在设计床池线外面放两块长木板，两板相距 40 厘米，再用木桩或绳子固定好，然后将湿土填入，并用夯打实。南墙不必用板，只要将湿土堆起用脚踩实即可。另一种是用泥垛起，即将所挖的床池土加水调成稠泥，沿床池四周垛至上述所需高度即成。待墙略干后用铁锹按设计要求切修至所需尺寸，使床墙池壁整齐美观。再将池内泥土清理干净，整平床底，然后将支撑覆盖物的横杆放好。横杆用直径 5～7 厘米的竹竿或木棍均可，每隔 60～80 厘米安放一根，放好后可暂不固定，待播种完毕后再固定，以便于备播和播种操作。放好横杆后可将塑料薄膜盖好，以烤床提温。

（3）贮热阳畦。贮热阳畦的外形与阳畦苗床相似，热能也是来自于阳光，属冷床的一种。与阳畦苗床的区别在于贮热苗床床底下面挖设有通气道，能将床面多余的热量储藏于床面之下。阳畦苗床当床温高出所需温度时，即需揭膜通风降温，这样就会使苗床内宝贵的热能白白损失掉，而贮热苗床当白天床内气温高时，热气体进入通气道内，将热量释放于下部土层中，将热能储藏起来，使下层土温升高。而到夜间床温降低时苗床下层热能即可向外释放，使床表土温及气温升高。所以，贮热苗床一般白天气温略低于阳畦苗床，而夜间则高于阳畦苗床1～2℃。同时播种，贮热苗床较阳畦苗床早出苗1～2天。

贮热苗床的床址选择、建造与阳畦苗床基本相同，只是床池底部多设了通气道。所以，建床时在阳畦苗床的基础上再增建通气道即可。建通气道时，首先在床池中央挖一条宽30厘米、深40厘米的南北横沟。再在床底南侧距边沿20厘米处，挖一条20厘米见方（四边均为20厘米）由横沟伸向东、西两端的纵沟，与横沟相接处沟底深40厘米，至两端时为30厘米，沟底呈斜坡状。当沟挖至距端壁20厘米时，分别向北转折，至距床池北壁20厘米处，再向苗床中间横沟方向转折，至距横沟20厘米处，再向北转，此处沟深为25厘米，然后经池壁和床墙向上伸出，床墙、池壁的沟深、宽均为15厘米。

通气沟挖完之后，用40厘米长的作物秸秆或瓦片将沟盖好，使床底平整。注意盖沟时，沟两侧应向下切掉一部分，宽度每边均为10厘米，深度视沟深而定，盖好后使通气道保持20厘米见方，同时将床墙、池壁上的竖沟封好，并在墙上面加高40厘米。苗床上面的覆盖物与阳畦苗床相同。

2. 酿热温床

（1）建床。酿热温床（图2）的选址与阳畦苗床相同，外形亦相似，只是床池较深，需填充酿热物。床池的深度为南边70厘米，中央60厘米，北边为65厘米，使床底中央略呈突起。这样使温度易偏低的边部多填充一些酿热物，可使床温较匀。另外在床底挖两条 17 厘米见方的通气道，并由两端通出床外，以供微生物所需的气体。

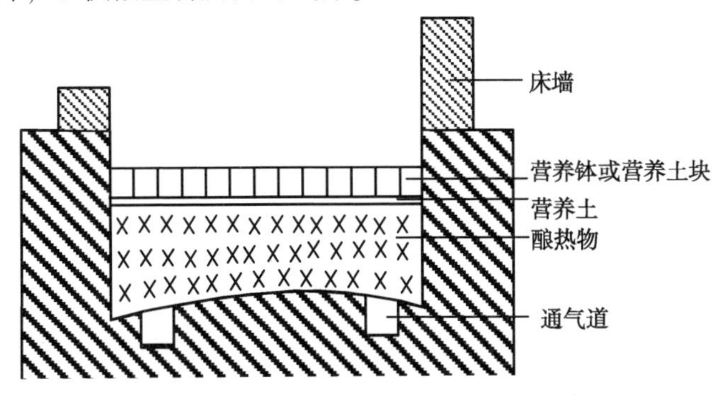

图 2　酿热温床横断面示意图

（2）酿热物的选择。用于温床酿热的材料统称酿热物。各种酿热物因所含成分中碳、氮比例不同，其发热特点也不相同。碳、氮比例高（大于 30）的，发出热量慢，但持续时间长；碳、氮比例低（小于 20）的，发出热量快，但持续时间短；酿热物发热快慢、放热多少，与微生物活动有关，而微生物活动又受酿热物通气性好坏和水分含量所制约。酿热物过于紧实或水分过多，则因氧气不足，微生物活动受限而放热缓慢；反之，酿热物过松、水分过少，虽氧气充足，但因缺水也会使微生物活动不旺而放热缓慢。一般认为，当酿热物碳、氮比为 20～30，含水量为 70%，并有 10℃的基础温度，酿热物通气性较好时，好气性微生物活动旺盛，发出热量多而且持续时间长。

根据酿热物碳、氮含量的不同，可分为高酿热物和低酿热物。高酿热物主要有新鲜的骡、马粪、新鲜厩肥及各种饼肥等。低酿热物主要有牛粪、猪粪、稻草、麦秸等。为使酿热温床有良好的供热性能，既有足够的温度，又能保持较长的时间，必须对酿热物进行适当的选配。群众经验是，高酿热物

（马粪等）与低酿热物（麦秸等）按 1∶1 的比例配合，具有很好的发热效果。

（3）酿热物的处理与填充。选好酿热物之后，在播种前 7 天将秸秆切成 10～15 厘米长的小段，放入水中浸泡 2 分钟，使酿热物含水量达 65%～70% 即可捞出。将新鲜马粪稍晾捣碎，然后填一层浸泡好的作物秸秆，再填一层马粪，每层厚度约 10～13 厘米，这样相间填入各两层。如果马粪不足，可在秸秆内加入适量氮素化肥或人粪及饼肥。填好酿热物后，床面盖好塑料薄膜。当酿热物温度升至 50～60℃ 时，再将马粪与秸秆调匀，并踏实至 40 厘米厚，在上面覆盖 3 厘米厚的土，搂平后即排放营养钵或做营养土块。

3. 电热温床

电热温床是一种通过电热线临时加温用于低温季节育苗的苗床。电热温床一般建在日光温室中部采光好的地块，苗床面积根据用苗量而定。先划出苗床的边框，将床内地面铲平，浅翻耕，以利保持土壤水分，防止育苗期间营养钵内的土壤迅速变干。然后将床面耙平。在苗床两端插小竹棍，间距 8～10 厘米。将电热线折成双股，将弯折处套在苗床一端中间部位的两根竹棍上，两股电热线分别向两侧呈“几”字形缠绕竹棍，这样可保证电热线的两头在苗床的一端，便于连接电源。铺线后，接通电源，用手摸电热线表面，查看其是否变热。如果变热，即可埋线；如果不热，说明未通电，检查电源连接处，同时查看电热线本身是否断裂。确认电路通畅后即可埋线。先在插竹棍处开小沟，将电热线埋入土壤，这样再埋苗床中间的电热线时就更容易了。然后在苗床上开小沟，将电热线全部埋入土中。过去的做法是，铺线后向苗床表面筛细土，这样做需要大量的细土，而且费时费工，不如埋线的方法简单易行。

4. 火炕苗床

火炕苗床（图3）是一种以燃烧煤炭、木材等进行加温的苗床。床址选择除要求具备阳畦苗床的条件之外，还要选择地下水位较低的高燥地方。因烧火坑较深，若在地下水位高的地方建床，在烧火口处出水则难以烧火加温，育苗就无法进行。火炕苗床的构造较上述苗床复杂得多，其结构是否合理，直接影响苗床的性能和育苗的效果。因此，要严格按苗床设计标准建造，不可随意改变尺寸。火炕苗床主要由床池、火炉、烟道三部分构成（见图3）。建造方法如下：

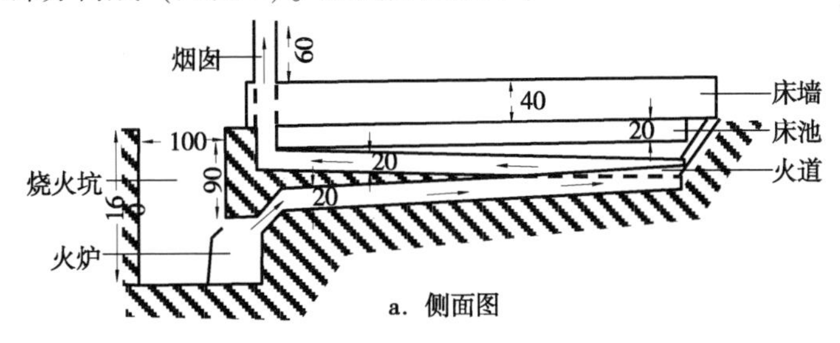

a. 侧面图

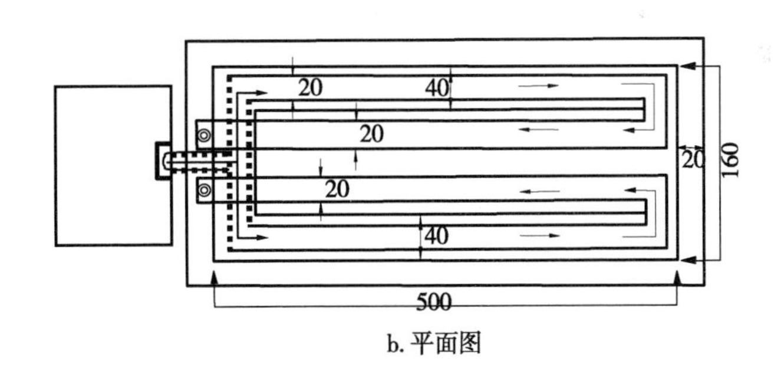

b. 平面图

图3 火炕苗床示意图

（1）挖床池与烧火炕。床址选好后，首先挖一个长5米、宽1.6米、深0.2米的床池，并按阳畦苗床的建造方法和规格建好床墙。再在床池的一端距床池0.5米处挖一长1.3米、宽

1 米、深 1.6 米的烧火坑。然后在坑内靠苗床的一面墙上，距地面 0.9 米以下的地方，挖一个上顶为半圆、宽 0.45 米、高 0.6 米、深 0.3 米的拱形炉灶洞，以后在洞内砌火炉。

（2）挖火道。挖火道时，先沿床池四周挖一条宽 40 厘米的沟，烧火口一端深 40 厘米，另一端深 20 厘米，两长边沟底呈斜坡状，再将中央土体切成为：烧火口一端由原床池底向下挖深 5 厘米、另一端与上述所挖沟底相平的斜坡。然后，在沟底及中央斜坡上挖烟道。可先由烧火口一端开始，沿沟中间挖 20 厘米见方的小沟，即烟道，到达另一端时，分别向中央转弯，并沿中央斜坡回至烧火口一端，这时摆在床池底部即有四条高低不平的东西向烟道，这四条烟道在床底南北距离应该摆布均匀。挖完烟道后，先将烧火口一端南北烟道用瓦片盖好，再将烟道上面的沟用土填平，并踏实，使其与中央土体成为一体，使中间两条烟道从上面通过，一直伸到床墙内，由床墙中向上伸出床外，再在墙上建 40 厘米高的烟囱。最后将全部烟道用瓦片或秸秆等物盖好，并用泥抹严，以防漏水。

（3）砌火炉。火炉的砌法要根据所用燃料而定。如果燃煤，可建一个炉口朝上、下粗上细的自来风火炉（与家庭取暖炉相似）；如以作物秸秆或木柴为燃料，则可以建一个炉口朝外与农家做饭用的炉灶相似的卧式火炉。火炉砌好后，在炉灶洞的内上角向床池方向斜挖一条直径 13 厘米的圆洞，使火炉与烟道相连通。此时可点火试烧，如烟道畅通无阻，即可用土将床池内烟道上面的沟填平，使床池底面恢复原来的平整和高度，并将其踏实以防浇水后有的下陷使床底凸凹不平。苗床建完后，可在床墙上搭好架杆，并覆膜提温。

5. 床土配制及填充

（1）床土配制。床土也叫营养土，是人工配制而成的作为幼苗营养基质的肥沃土壤。幼苗生长所需要的水分、矿质元素及根系呼吸所需要的氧气，均从苗床营养土中得到，所以，床土的优劣直接影响到幼苗生长，是培育壮苗的关键因素。

辣椒幼苗吸收的养分虽然较少，但由于苗床中幼苗密度高，根系集中在10厘米厚的床土中，所以，养分的总吸收量还是很大的。因此，床土必须肥沃、疏松，有较好的通气性和持水能力，为了达到这一要求，床土中必须施入足量的有机质和各种无机养分。但也不能过多，以免引起幼苗徒长或造成烧苗。一般营养土多用大田熟土与有机肥料配制而成，再加入适量的速效化肥，注意忌用种过辣椒的土壤和用植株病残体沤制的肥料，防止各种土传病害的发生。由于各地的条件不同，床土的配制方法各异。南方多用稻田土、塘泥、田园土等，加入堆肥、鸡粪及化肥等配制而成，北方多取未种过辣椒的大田肥沃阳土加充分腐熟的牛粪、猪粪、骡马粪等调配而成。现介绍几种配方，供生产者参考。

配方一：2/3大田肥沃阳土，加1/3充分腐熟的牛粪或骡马粪；

配方二：50%园田土，40%塘泥或稻田泥，10%腐熟鸡粪；

配方三：70%田土，30%腐熟的猪圈粪；

配方四：60%田土，30%的腐熟牛马粪，10%炉灰；

配方五：60%田土，30%的腐熟牛马粪，10%人粪干；

配方六：50%田土，10%细沙土，30%腐熟牛、马粪，10%腐熟鸡粪。

以上营养土配方中的大田土和有机肥料要拍碎整细，充分过筛，然后再按比例混合均匀。另外，每立方米床土中再加入适量化肥。据山东德州市农业科学研究院试验，每方床土中加入磷酸二铵以500克表现最佳，出苗率高，幼苗生长健壮。超过此量，则表现为随土壤溶液电导率升高而幼苗生长受抑制加重。此外，每方床土还应加入50克多菌灵（可加水稀释后喷洒在床土上)，经充分翻拌均匀后备用。

(2) 床土填充及造墒。将苗床床面整平踏实，然后将配制好的营养土填入苗床内，踏实厚度为 10～12 厘米，且保持厚度均匀。播前 2～3 天，苗床浇透水，并盖好薄膜提温保墒。注意底墒水一定要充足，小型苗床中火炕、电热温床等加温苗床，由于底部加温土壤温度高，水分易失，如果浇水不足，则影响出苗。浇水量以浇水后 10 分钟床面可见明水为度，一般每平方米床面用水 15～20 千克。

(3) 苗床加温。苗床浇水后盖膜提温。火炕和电热温床在播前 2 天开始加温，以便使温度迅速升高。火炕苗床当床土 10 厘米处温度开始上升以后，火力适当减弱，以利于床温均匀一致。电热温床加温，要先将控温仪与电热线和电源接通，并将电接点温度计插入床土 5 厘米处，调至所需温度（20～25℃)，即可接通电源进行加温。

6. 种子处理及播种

(1) 种子处理。种子处理是培育壮苗的重要环节。首先要选用符合生产要求的优良辣椒品种，购买符合该品种特点的种性纯正、籽粒饱满、大小一致的种子，在晴天阳光下晒种 1～2 天，以提高种子的发芽率和发芽势，还可杀死部分种子表面的病菌，减少苗期病害的发生。

辣椒有多种病害（表 1）是由种子带菌而感染的，对种子进行消毒灭菌是育苗中常见的一项重要措施。常用的方法，一是温汤浸种，二是药剂浸种。

温汤浸种：用塑料盆或瓷盆作为浸种容器，这种容器浸种过程中水温较为稳定，降温较慢。用刚开的水和常温的水按 2∶1 混合成约 55℃的热水，倒入种子，然后不停地搅拌 15 分钟左右，使水温降至 30℃，继续浸种 4～6 小时，然后冲洗干净，同时结合浸种工作进行水选，除去不充实的种子。

表1　不同辣椒病害常用的药液浓度及处理时间

防治病害	药品		处理	
	名称	浓度（%）	方式	时间（分钟）
病毒病	磷酸三钠	10～20	浸种	15
	氢氧化钠	2	浸种	15
	高锰酸钾	1	浸种	15
早疫病	福尔马林	1	浸种	15～20
疮痂病	农用链霉素	0.1	浸种	30
青枯病	农用链霉素	0.1	浸种	30
炭疽病	硫酸铜	1	浸种	5
猝倒病	40%甲醛	0.4	浸种	30
细菌性病害	高锰酸钾	1	浸种	10
立枯病	95%恶霉灵	0.095	浸种	2

药剂浸种：生产上根据主要防治病害和所选用药液准确掌握浸种时间（详见表1）。如果为防治病毒病，可以先将种子在清水中预浸4小时，捞出后再放入10%磷酸三钠溶液中浸20～30分钟，或预浸5～6小时，药浸15分钟。如不用磷酸三钠，也可用2%氢氧化钠浸种15分钟。由于磷酸三钠或氢氧化钠可使病毒的活力钝化，故有抑制病毒的作用，但是处理以后会对种子发芽势有一定影响。如果为防治炭疽病和一些细菌性病害，可将种子放入纱网袋中，先用清水浸泡5～6小时，再放入1%硫酸铜溶液或0.3%高锰酸钾溶液中浸泡5分钟，需要注意的是，用药剂浸种后，要用清水将种子冲洗干净，才能催芽或直接播种，以免发生药害。

（2）催芽。辣椒播前3～4天对种子进行催芽。辣椒种子发芽的最低温度为10℃，最适温度为25～30℃。在此范围内随温度升高，发芽时间缩短。将经过浸种消毒的种子捞出洗净，然后催芽。催芽根据种子量的多少，可选择在恒温培养箱、特制的催芽箱、催芽室或催芽床上进行催芽。可用潮湿的纱布、毛巾等将种子包好保湿，包裹种子时使种子保持松散状态，以保证氧气的供给。为了保证辣椒出苗壮而整齐，通常采用变温催芽。变温催芽的高温是30～35℃，低温是20～25℃。每日进行一次变温催芽，高、低温处理的时间分别为10小时和14小时。变温催芽既能加快出芽速度，又能得到较好的芽苗质量。辣椒催芽所需时间为70～80小时。辣椒种子发芽对氧的要求较高，因此，在催芽期间要注意每天透气，再包好，用手攥住种子包，在清水中漂洗，洗去种子析出的黏液，然后拿出种子包，甩去多余水分，即可继续催芽。每天淘洗2次，同时注意包裹不要太严。种子破口、露出白色的胚根时，即可播种。

菜农催芽可因地制宜，因陋就简。早春可以利用电热褥、热炕头来保温催芽。如果种子数量不多，可将浸泡处理的种子用湿布包好，装入一塑料袋内，放到人的贴身衣袋内，也可以用袋扎在腰间，借助人的体温催芽。这一方法既简便又安全可靠，深受广大菜农欢迎。

（3）播种。小型苗床早春育苗幼苗生长较慢，从播种到长至6叶1心需60～70天，这样根据栽培形式和栽培季节，以及苗床温度性能，可以合理确定播种期。华北地区辣椒一般在4月中下旬定植，采用火炕和电热温床育苗，播种期一般在2月上中旬；而阳畦和酿热温床因床温不易人为控制，早春增温受限，播种期在2月下旬至3月上旬为宜。

辣椒育苗用种量每667平方米为60～75克，每平方米苗床用种10～15克。播种时将苗床棚膜揭开，将催芽的种子拌适量干细土或草木灰，均匀撒播在苗床上，播种后及时覆盖干细土，一般厚度为0.5～1厘米。然后盖好薄膜保温、增温，夜晚加盖草苫。

7. 苗期管理

俗话说："苗好一年丰"。幼苗质量好坏直接关系到辣椒产量的高低和品质的优劣。辣椒早春育苗特别是小型苗床育苗是在人工创造的很小的空间环境内进行的，其中的小气候与外界气候有很大的差异，但外界气候的变化却时刻对内部小气候发生影响。所以，必须对苗床内的温度、湿度、光照、水分、空气、养分等进行合理调节，以满足幼苗正常生长发育的需要。因此，苗期管理工作非常重要，必须认真对待。

（1）温度管理。在辣椒育苗过程中，温度管理是技术关键，各种小型苗床主要通过热源控制和覆盖物揭盖实现对温度的调节。辣椒在整个育苗期内根据其对温度的不同要求，在温度管理上大体可分为6个阶段，掌握"促—控—促—控—促—控"即"三促三控"的管理原则，具体讲，采用分阶段变温管理。

播后苗前。辣椒播种后到出苗前要维持较高的温度，一般白天30℃左右，夜温18～20℃，床内5厘米地温30℃左右，在此温度条件下，种子出苗快而整齐。

籽苗期。从幼苗出土到第1片真叶"破心"为籽苗期。这一阶段胚轴（子叶以下的幼茎）最易徒长，形成高脚苗。为防止幼苗徒长，幼苗出土达到90%以上时，要适当降低温度，白天22～25℃，夜温15～18℃，促使幼苗子叶肥大、色泽浓绿，下胚轴长短适中，生长健壮。如果育苗在温室、大棚内进行，保温性较差，不足以维持较高的温度时，可通过多层覆盖的方法提高温度。

小苗期。从第1片真叶破心到3片真叶长出为小苗期，小苗期地上部生长量不大，但根系发育较快，所以，小苗期必须满足根系发育的条件，适当提高温度，白天25～28℃，夜间18～20℃。

分苗期。有的地区在辣椒育苗期间为了使幼苗生长健壮，需在辣椒苗长至3片真叶时进行分苗。分苗前3～4天应适当降低苗床温度，进行低温炼苗，白天20～23℃，夜间10℃左右；分苗后为促进缓苗要适当提高温度，白天25～30℃，夜间从20℃缓慢降至17℃，苗床土壤温度保持在20℃以上。缓苗后白天保持25～28℃，夜温15～18℃，促使幼苗健壮生长。

炼苗期。定植前10～15天（两周左右），逐步降低温度，白天15～20℃，夜间8～10℃，在确保幼苗不受冻害的前提下，尽可能地降低夜温，使幼苗逐步适应外部环境。低温炼苗应循序渐进，避免大揭大盖，以免幼苗受冻害。低温锻炼时，白天晴天无大风，可将薄膜全部揭开，夜间如无寒潮侵袭，苗床可以只盖薄膜不盖草苫。定植前5～7天去掉薄膜，逐渐适应露地环境。

各种小型苗床的温度调节主要通过以下方式进行。

热源调节。火炕苗床播种后，床温接近25℃左右时，要细火稳烧，不可以旺火猛烧，以免床温过高和各处升温不均匀。旺火猛烧能使温度上升“惯性”增大。据测定，当大火猛烧时，停火后，苗床5厘米地温仍能上升7℃左右。因此，绝不可等温度达到所需要最高限再停火，否则会使苗床温度过高，造成热害。火炕苗床的温度变化有一定的规律性。床温虽然随着炉火的生灭而升高和降低，但变化却不同步进行。床温的变化落后于炉火的变化，一般生火后4～5小时床土温度升高。所以，为了防止夜间温度过低，苗床一般在下午开始生火。电热温床主要通过控温仪和接点温度计进行调节和控制，要根据幼苗不同发育阶段、昼夜的区别和外界气温的变化等情况，及时调节接点温度。

覆盖物调节。各种小型苗床可通过覆盖物的揭盖实现对温度的调节，而且是实际育苗中应用普遍的调温方式。覆盖物包括不透明覆盖物（草苫等）和透明覆盖物（薄膜）两类。

草苫：草苫是夜晚盖在苗床塑料薄膜之上，防止床面热辐射的保温设备。为了减少床内热量损失，增加太阳光射入量，在不同时期草苫揭盖时间应有所区别。在 2 月下旬以前，8：00以后揭苫，16：00 以前盖好；2 月下旬以后，上午苗床见光后即可揭苫，下午日落前盖苫；3 月下旬以后，外界气温只要在 5℃以上，晚上可以不盖草苫。

薄膜：透明薄膜有良好的光效应和热效应。床内温度偏低时，要将薄膜盖严；温度偏高时，将膜撑开一口，以通风降温。通风应看苗、看天，并根据幼苗不同时期和外界天气情况灵活掌握。通风要特别细心，尤其是在早春季节，因苗床内、外温度和湿度相差很大，如果撑开膜口过大，猛然通风，往往引起幼苗失水萎蔫，造成“闪苗”，严重时，会因失水过重或受冷害而枯死。因此，一般上午 9：00 以后通风，开始先将膜边支一小口，以后逐渐增大，下午逐渐将开口减小，16：00 以后全部闭严。还应注意开口一定要在苗床背风的一侧，防止因迎风开口，冷风直接吹进苗床内使幼苗受伤。另外，因通风口处温度低，所以通风口应经常轮换，不可固定一处不动。温度高时，可以撑开几个口同时通风。

通风既能调节温度，又能调节床内的空气成分，增加二氧化碳，有利于幼苗光合作用。所以，在阴天时，虽然床温不高，也要在中午进行短时小通风，只是不要使温度下降过多。只有在雨雪或大风低温天气才不进行通风。

（2）光照管理。阳光是一切绿色植物光合作用的能量源泉，苗床要有充足的光照，主要是通过对薄膜上覆盖物的揭开来实现。在考虑增强光照的同时，还需要与温度管理结合起来。一般日出后温度开始回升，要及时揭开草苫。下午在苗床温度降低不多的前提下，尽量延迟覆盖时间。当床内温度偏高时，只能以揭膜通风降温，绝对不可以草苫遮光降温。当遇到连阴天气时，亦不可长时间连续覆盖草苫。只要白天气温在

8℃以上，就要揭开草苫。因为即使是阴天时的漫射光，也能使秧苗的叶绿素起光合作用制造养分，维持其生命所必需。如果将苗床严密遮光10天以上，再将幼苗猛然暴露在强光之下，幼苗则有猝死的可能。所以除了雨雪天气外，均要及时揭开草苫透光。

（3）肥水管理

水分。辣椒对水分要求较严格。如过多，易引起病害，不足则影响幼苗发育。因播种前苗床已浇水造墒，上面又有薄膜覆盖，耗水较少，所以，幼苗破心前一般不浇水，以免降低地温和使床面板结影响出苗。各种温床因温度较高，耗水量相对增大；但是，由于床内蒸发的水分，一部分在塑料膜上凝结后再滴回到床面上，造成床面潮湿，而表层以下土壤都已干燥，这种情况往往蒙蔽一部分初育苗者，使其认为苗床水分充足，不需浇水，结果造成苗床缺水，影响幼苗生长和发育。因此，各种温床必须经常检查苗床表土以下的墒情，如缺水，要及时补充。浇水时要选择晴朗无风的天气在上午进行，最好浇30℃左右的温水，塑料薄膜要随浇随盖，不可一下揭开过大，以免“闪苗”。浇水后及时盖好，使温度回升。浇水的原则是：少次浇足，水不过量。

施肥。由于苗床内床土中配有适量的养分，因此，幼苗一般不表现缺肥。但若床土中养分不足，幼苗叶色发黄，生长迟缓而瘦弱，应考虑补充氮肥。施肥方法，可配成0.3%的尿素溶液结合浇水施入苗床。另外，苗床中如出现杂草，要及时拔除。

我国北方地区，早春气候多变，因此，在苗床管理中必须因地、因时、因环境条件及幼苗状态灵活掌握，细心运用各项措施，方能培育出优质壮苗。

（二）工厂化育苗

工厂化育苗又叫穴盘育苗或快速育苗。是运用一定的设施及设备条件，人为控制催芽出苗、幼苗绿化等育苗中各阶段的环境条件，在较短的时间内培育出大批量、高质量的适龄壮苗的一种育苗方法，与传统的育苗方式相比，具有占地面积小，便于管理，用种量少，苗龄短，病虫害发生轻，成本低，可以周年生产等优点。对于规模较大的辣椒产业园区和生产基地，一般采用工厂化育苗方式。

1. 工厂化育苗的设施及关键设备

根据育苗流程的要求和作业性质，可将育苗设施分为基质处理车间、填盘装钵及播种车间、发芽、绿化及幼苗培育设施和嫁接车间等。

工厂化育苗必需的关键设备主要有基质消毒机、基质搅拌机、育苗穴盘、自动精量播种系统、恒温催芽设备、育苗设施内肥水供给系统、CO_2增施机等。

2. 播前准备工作

（1）温室准备。在辣椒育苗前2～3周，对育苗床架进行清理，并对温室进行全面消毒，以降低辣椒幼苗在生长过程中的发病几率。具体做法是可用80%～85%敌百虫液喷撒温室地面、墙壁、育苗床架，尤其是温室入口处及温室角落进行全面消毒，再采用不同种类的广谱型杀菌剂分次进行喷洒消毒，尽量将育苗棚发生病虫害的可能性降低。

（2）育苗基质的选择。基质总体理化指标要求为：容重0.5～0.8克/厘米^3，总孔隙度60%～90%，pH值为6.0～7.0，无毒无害。主要采用轻型基质，辣椒穴盘育苗主要采用草炭、蛭石、珍珠岩、炉渣、河沙等。基质材料可单独使用，但最好是按比例将 2～3 种基质混合使用，配成的复合基质通气性、保水性好，营养均衡。最常用的复合基质配方是草炭、蛭石按 1∶1（体积比）或 2∶1 混合。

（3）基质的配制。将草炭、蛭石、珍珠岩按照 6∶3∶1（夏季）或者 6∶2∶2（冬季）的比例混合，每 1 000 千克基质中加入腐熟鸡粪 36.5 千克、硫酸铵 4 千克、硫酸钾 3 千克、硫酸镁 1 千克、硫酸锌 0.5 千克等，使基质混合均匀。因草炭大多为酸性基质（pH 值为 3.0～6.5），而辣椒生产需要微酸性环境（pH 值为 5.5～7.0），基质酸度过大，会导致辣椒幼苗生长不良。因此，在采用草炭作基质进行育苗时，需要对基质的酸碱度进行调配，一般每立方米基质可加白云石灰石 3～6 千克，可有效调配基质酸碱度。配制好基质后，进行消毒处理，可有效杀死基质中携带的病残菌。可采用 99% 恶霉灵原粉进行处理，方法：按照 99% 恶霉灵 1 克对水 3～4 千克的比例，配制药液并均匀喷洒到基质上。

（4）配制营养液。蔬菜工厂化育苗多是采用混合基质，营养液是作为补充营养，一般不要用过高的浓度。喷洒的营养液浓度过高，蒸发量过大时，幼苗叶缘容易受害，穴盘基质中也容易积累过多的盐分，影响幼苗正常生长发育。常用的营养液配方如下。

日本山崎甜椒营养液配方：四水硝酸钙 354 毫克/升，硫酸钾 607 毫克/升，磷酸二氢铵 96 毫克/升，七水硫酸镁 185 毫克/升，乙二胺四乙酸铁钠盐 20～40 毫克/升，七水硫酸亚铁 15 毫克/升，硼酸 2.86 毫克/升，硼砂 4.5 毫克/升，四水硫酸锰 2.13 毫克/升，五水硫酸铜 0.05 毫克/升，七水硫酸锌 0.22 毫克/升，钼酸铵 0.02 毫克/升。

山东农业大学辣椒营养液配方：四水硝酸钙 910 毫克/升，硫酸钾 238 毫克/升，磷酸二氢钾 185 毫克/升，七水硫酸镁

500 毫克/升，硼酸 2.86 毫克/升，四水硫酸锰 2.13 毫克/升，五水硫酸铜 0.08 毫克/升，七水硫酸锌 0.22 毫克/升，钼酸铵 0.02 毫克/升。

以上配方为蔬菜无土栽培成株用的配方，工厂化育苗所用浓度为成株栽培浓度的 1/2 时，对幼苗生长无影响。

3. 基质装盘及播种

辣椒工厂化育苗一般采用 72 孔塑料穴盘。播种前先将调配好的基质喷湿，至手捏成团即可装入穴盘，表面用木板刮平。而后，将装好基质的穴盘叠放在一起，用双手摁住最上面的育苗盘向下压，这样上边穴盘的底部会在其下面穴盘基质表面的相应位置压出深约 0.5 厘米的凹穴。在育苗盘中播种多采用单粒点播，即每个播种穴播 1 粒有芽的种子。播种后覆上一层 0.5 厘米左右干基质并轻轻压紧。大型育苗企业工厂化穴盘育苗多采用气吸式精量播种机播种，可大幅度降低劳动强度。籽粒分布均匀、深度一致、出苗整齐。

4. 苗期管理

出苗后及时除去覆盖物，防止幼苗徒长。及时间苗，如果将来采用单株定植方式，每穴只留 1 株幼苗，多余的幼苗用剪刀从茎基部剪断；如果采用双株定植方式，每穴留 2 株健壮幼苗。

（1）温度管理。工厂化育苗采用温度自动控制系统，辣椒育苗不同生育阶段掌握不同的温度，具体指标为，播后出苗前：白天气温 25～28℃，地温 20℃左右，6～7 天即可出苗。温度低时必须充分利用各种增温、保温措施，务求苗齐苗全，出苗后到子叶展平：白天 23～25℃，夜间 10～15℃。子叶展开至2叶1心，温度控制在白天25℃上，夜温20℃ 左右，夜温可降至15℃，但不能低于12℃，有条件的可在3叶1心前进行补光，有利培育壮苗。定植前两周左右，逐步降低温度，白天15～20℃，夜间8～10℃，以便幼苗移栽时能较好适应露地环境。

（2）水分管理。采用自走式悬臂喷灌系统可机械设定喷洒量与喷洒时间，洒水无死角、无重叠区，并可加装稀释定比器配合施肥作业，解决人工施肥难的问题。种子萌发期，基质相对湿度维持在95%～100%，供水以喷雾粒径在15～18微米为佳；子叶及展根期，水分供给应稍减，基质相对湿度降至80%左右，增加介质通气量，以利于根部生长；至真叶生长期，供水应随苗株生长而增加；炼苗期，应限制给水以健壮植株。此外，在实际操作中还应注意：阴雨天日照不足且湿度较高时不浇水；15：00以后不浇水；穴盘边缘植株易失水，应及时补水。

（3）施肥管理。萌芽期施肥浓度要低，多喷施25～75毫克/千克的硝酸钾；在子叶及展根期可施用浓度为50毫克/千克的复合肥（20：20：20）；真叶生长期（3～4叶期）如发现叶面呈黄绿色，出现脱肥现象，可增至125～350毫克/千克，可施用20：20：20或20：10：20的复合肥；为培育壮苗，成苗期应减少施肥。

（4）矮化技术。培育矮化健壮的幼苗是穴盘育苗的目标，一般采用温、光、水、肥等因子加以调控。

光照：植株在强光下节间较短缩，在弱光下节间易伸长而导致徒长。因此，在穴盘育苗生产上，虽考虑成本不提倡补光，但温室覆盖物应选择透光率高的材料。

温度：在适宜的温度范围内，育苗阶段应尽可能降低夜间温度，加大昼夜温差（表2）。

表2　辣椒育苗期不同阶段适宜温度（℃）

	昼温	夜温
播种期	25～28	18～20
齐苗	23～25	10～15
二叶一心	25	12～14

水分：适当的限制供水可有效矮化植株并使植物组织紧密，轻微缺水可缩短节间长度，增加根部养分含量，利于穴盘苗移栽后恢复生长。

肥料：降低氮肥用量，尤其是铵态氮肥的用量，可酌量追施硝态氮肥。钾、钙、硅肥则能有效增加幼苗的硬度，增强抗病能力。

生长调节剂：常用的生长调节剂有矮壮素、多效唑、烯效唑等。适量施用抑制剂可有效矮化植株，培育壮苗，防止徒长。一般情况下，烯效唑使用浓度为多效唑的一半。上述生长调节剂如果超量使用，会造成幼苗生长矮缩，发育期推迟，影响产量。

5. 炼苗

穴盘苗移出温室定植前适当控水，以增强幼苗对缺水的适应能力。夏季育苗，移栽前增加光照，尽可能创造与田间一致的环境条件。早春育苗，移栽前将幼苗置于较低的温度环境下炼苗3～5天。在确定移栽前15天左右对辣椒幼苗进行低温、通风、适度控水锻炼。多数育苗基地建有炼苗大棚，将穴盘移入炼苗大棚中，温度锻炼可将夜间温度降低到9℃左右，从而增强幼苗的抗冷性；水分、湿度管理要及时进行通风降湿，以达到培育壮苗的目的。辣椒壮苗标准为株高15～20厘米，茎粗0.5～0.8厘米，六叶一心，叶色浓绿，并略显紫色，根系发达，无病虫害。

6. 病虫害防治

辣椒工厂化育苗主要病虫害是猝倒病、立枯病和蚜虫。防治上主要以预防为主，通过培育壮苗、挂设防虫网、诱虫板等手段杜绝各种传染途径。防治猝倒病和立枯病的一般措施是：播种前基质消毒，控制浇水，浇水后放风以降低空气湿度。发病初期喷施多菌灵或代森锌800倍液。蚜虫的防治一般在育苗车间张挂黄色诱虫板或用10%烟碱乳油500～1 000倍液喷洒一次，低毒、低残留、无污染，成本较低。

（三）苗情诊断

培育适龄健壮的幼苗是育苗的目的。壮苗的育成与育苗过程中每项措施都紧密相联。因此，熟悉并掌握壮苗的标准，了解幼苗生长异常表现及其发生原因，并采取相应的措施加以管理和调整，是育苗者不可缺少的知识。

1. 壮苗标准

（1）壮苗标准。加工型辣椒种子实生苗的壮苗标准：品种纯度≥98%，幼苗子叶完整、六叶一心，茎秆粗壮，节间短，叶片深绿、厚实、舒展，根系发达，侧根白，无病虫。一般株高15～20厘米，茎粗0.5～0.8厘米，苗龄60天左右。

（2）壮苗指数。壮苗指数是衡量幼苗素质的数量指标。它与辣椒的优质、丰产有密切关系。壮苗指数的计算方法有多种，但以“壮苗指数＝（茎粗/株高＋根干物质量/地上干物质量）×全株干重”应用较多。

2. 幼苗的异常表现、原因及解决办法

辣椒的苗期性状多为数量性状，辣椒不同环境条件下的幼苗形态不同，如果幼苗生长环境相对较差，容易发生病害、生理性病害和其他问题，影响幼苗质量。

（1）种子不出苗。播种10天后不出苗，应及时检查苗床种子状况，如种胚呈白色且有生气，则可能是由于苗床条件不适，如床温太低、床土过干等，造成不出苗。对温度低的要设法提高床温，对床土过干的要适当浇水。如果种胚已变色腐烂，在湿度、温度过高的情况下是“沤种”表现，如苗床温度和湿度正常，说明是种子本身不发芽，为陈种子，应及时补播。

应对措施：浸种催芽。育苗前浸种催芽是保证种子出苗整齐的关键技术，避免了种子发芽率低的损失。可先温水浸种7～8小时，浸种后在25～30℃温度条件下催芽，70%左右种子露白即可播种。保湿。播种前先在整平的床面上浇足底水，标准为8～12厘米内土层湿润，播种后均匀覆土0.5～1.0厘米，在苗床上覆盖地膜。保温增温，出苗温度以25～30℃为宜，地温不应低于15℃。如果气温和地温达不到要求，应通过增加覆盖物等措施解决。

（2）种子出苗不整齐。种子出苗不齐是辣椒育苗常见的问题之一，常见的有整栋育苗棚或育苗棚内不同育苗床或同一育苗床不同位置出苗不齐3种现象。整栋大棚全部苗床出苗不齐，可能是种子质量问题；大棚内不同育苗床出苗有差异，可能是温度、湿度不均匀的问题；同一苗床出苗不齐，可能是湿度和覆盖土不匀的问题。

应对措施：播种前浸种催芽，将不同发芽势和发芽率高的种子分开播种，分别对待，加强管理；大棚内不同部位温度不同，两边和中央育苗床温度有差异，特别是夜间温度差异更大，气温较低时，靠大棚外侧的育苗床加盖一层草帘或其他覆盖物保温，电热线铺设时，计算好长度和功率，两边苗床铺线密度比中间稍密；保持棚膜完整，平整苗床，浇足底水、均匀覆土，使苗床各部位温度、湿度、透气性一致。

（3）幼苗“戴帽”。辣椒育苗时，会出现辣椒幼苗出土后，种皮不脱落，夹住子叶的现象，称为“顶壳”或“戴帽”。“顶壳”由于子叶不能展开，妨碍光合作用，使幼苗生长不良，发育迟缓而形成弱苗，部分幼苗由于长时间不能将种皮顶开而死亡。主要原因：覆土太薄，种皮受压太轻；覆土后未用薄膜覆盖，底墒不足，种皮干燥发硬不易脱壳；种子质量差、生活力弱等引起发生“戴帽”现象。

应对措施：苗床浇透底水，覆土均匀，厚度适当；及时覆盖薄膜，保持土壤湿润；表土过干，可适当喷洒清水，使土表湿润和增加压力，帮助子叶脱壳；当有80%左右种子出苗时，揭开地膜，并适量喷水保湿；少量“戴帽”苗可在适当喷水湿润后人工去帽。

（4）僵苗。早春辣椒育苗期间，由于管理不到位，造成床土过干、苗床温度过低，营养不足，苗龄过长等；经常出现“僵苗”现象。幼苗表现为生长缓慢或停滞、根系老化生锈、茎矮化、节间短、叶片小厚、颜色深暗无光，老化苗定植后生长缓慢，开花结果迟，结果期短，容易衰老。原因：床土过干，床温过低，用育苗钵育苗时，因与地下水隔断，浇水不及时而造成土壤严重缺水，加速秧苗老化。

应对措施：加强温度管理，如果地温低于10℃时间超过5天，则容易出现“僵苗”，可通过加温保证育苗期间适宜温度；加强水分管理，前期由于温度较低，空气湿度大，可加强苗床水分控制，当幼苗正常生长所需的水分要求不能满足时，可选择时机和方法补充土壤水分；推广以温度为支点、控温不控水的育苗技术；蹲苗要适度，低温炼苗时间不能过长，水分供应适宜，浇水后及时通风降湿；发现“僵苗”后，除注意温、湿度正常管理外，可以在“僵苗”上喷洒10～30毫克/千克的赤霉素或喷施叶面宝等，也可用0.2%活力素液+

0.5%磷酸二氢钾液+0.2%尿素混合液叶面喷洒，或用保得土壤接种剂叶面喷洒等。

（5）幼苗徒长。徒长苗即“高脚苗”，具体表现为茎秆细长、节稀、叶薄、色淡、组织柔嫩、须根少等。徒长苗定植后缓苗慢，生长慢，容易落花落果，抗逆和抗病性均较差，比壮苗开花结果要晚，不易获得早熟高产。原因：光照不足，夜温过高，氮肥和水分过多；播种密度过大，苗相互拥挤而徒长；苗出齐前后，温度管理不善，床温过高。

应对措施：选择背风向阳、地势较高、棚外无建筑物或大树的地方建棚，一般采用新膜或旧膜清洗干净，提高透光率，增强光照；播种量适宜，出苗较多时要及时间苗；及时通风，严格控制温度；加强肥水控制，合理追肥和浇水，避免氮肥和水分过量；如有徒长现象可用生长抑制剂叶面喷雾。可用200毫克/千克的矮壮素苗期喷施2次，控制徒长、增加茎粗，促进根系生长。矮壮素喷雾宜在上午10：00前进行，处理后可适当通风，禁止喷后1～2天内向苗床浇水。也可喷2 000～4 000毫克/千克的比久。

（6）沤根。具体表现为根部生锈，严重时根系表皮腐烂，不长新根，幼苗易枯萎。原因：床土温度过低，湿度过大。

应对措施：合理配制营养土，保证育苗期幼苗生长所需要的营养和通气要求；根据天气状况适量浇水，连续阴天选择时机少量浇水；连续低温多雨天气，选择时机通风换气，降低空气湿度；出现沤根，加强通风排湿，增加蒸发量；勤中耕松土，增加通透性，撒草木灰加3%的熟石灰或1：500倍的百菌清干细土等。

（7）烧根。具体表现为幼苗根尖发黄，不长新根，但不烂根，地上部分生长缓慢，矮小脆硬，不发苗，叶片小而皱，易形成小老苗。造成烧根的主要原因有以下几种：化肥浓度过大；有机肥未经充分腐熟；追施促苗肥过量或方法不当；土壤干燥，土温过高。

应对措施：选用充分腐熟的有机肥配制营养土，追肥少用化肥，控制施肥浓度，严格按规定使用；适当浇水，保持土壤湿润；温度过高时，及时通风降温；发现烧根苗，适当多浇水，降低土壤溶液浓度，并视苗情增加浇水次数。

（8）闪苗和闷苗。幼苗生长后期温度变化幅度大，内外温差大，如果通风口过大，幼苗不能适应温、湿度的剧烈变化，很容易失水，造成叶缘干枯、叶色变白，甚至叶片干裂，发生闪苗。通风不及时，由于长时间在低温高湿、弱光下生长，幼苗营养消耗过多、抗逆性差，幼苗不适应大棚内温、湿度变化，容易出现凋萎，发生闷苗。原因：前者是猛然通风，苗床内外空气交换剧烈引起床内湿度骤然下降。后者是低温高湿、弱光下氧消耗过多，抗逆性差，久阴雨骤晴，升温过快，通风不及时而不适应。

应对措施：及时通风，从背风面开口，通风口由小到大，时间由短到长；阴雨天气尤其是连续阴天应选择时机揭帘揭膜，增加光照；用磷酸二氢钾等对叶面和根系追肥，促进幼苗生长。穴盘育出苗后温度过高时，应及时遮阳通风降温，也可在中午日照太足时用报纸等遮在穴盘上，防止灼伤幼苗。

（9）冷害和冻害。冷害和冻害一般在极端低温情况下发生，容易被忽视。育苗过程中遇到轻微低温，出苗时间过长，幼苗会产生黄色花斑，生长缓慢；若遇到0℃以上温度可发生冷害，叶尖、叶缘出现水渍状斑块，叶组织变成褐色或深褐色，后呈现青枯状；遇到0℃以下温度发生冻害，幼苗的生长点或上部真叶受冻，叶片萎垂或枯死。

应对措施：改进育苗方法，利用人工控温育苗方法，如电热温床和工厂化育苗等是解决秧苗受冻问题的根本措施；增强秧苗抗寒力，低温寒流来临之前，应尽量揭去覆盖物，让苗多见阳光和接受锻炼。在连续低温阴雨期间，若床内湿度大，秧苗易受冻害，因此要控制苗床湿度。床内过湿的可撒一层干草木灰。天气转晴时，应使气温缓慢回升，使秧苗解冻，恢复生命力；如果升温太快，秧苗的细胞组织易脱水干枯，造成死苗；增施磷钾肥，苗期喷布0.5%～1%的红糖水或葡萄糖水，可增强秧苗抗寒力，三四叶期喷施0.5%的氯化钙溶液2次（每次间隔7天），也可增强秧苗抗寒性；寒潮期间要严密覆盖苗床，只在中午气温较高时进行短时间通风换气时，要防止冷风直接吹入床内伤苗。

3. 主要苗期病害

（1）猝倒病的识别与防治。猝倒病是辣椒苗期的主要病害之一，其症状有烂种、死苗和猝倒。表现在幼茎基部出现水渍状暗斑，湿度大时病苗附近地面常密生白色棉絮状菌丝，发病较重时，幼苗茎部腐烂，迅速匍匐倒地，即为“猝倒”，营养土未消毒或消毒不彻底、苗床过湿、幼苗过密、间苗不及时，有利病原菌的发生和蔓延；施用未腐熟的有机肥，连续阴雨，光照不足，长时间低温，通风不良等也容易引发猝倒病。

防治措施：加强苗床管理，根据苗情适时通风，避免低温高湿；苗期喷施磷酸二氢钾500～1 000倍液，提高抗病力；药剂防治可用75%百菌清粉剂800倍液、或64%杀毒矾可湿性粉剂500倍液、或甲基托布津1 000倍液等喷雾，7～10天喷1次，连续用药2～3次。

（2）立枯病的识别与防治。立枯病是辣椒苗期的主要病害之一。小苗和大苗均能发病，刚出土的幼苗易感染。病苗基部变褐，病部缢缩，病斑绕茎1周后幼苗多站立凋枯死亡；病部初为椭圆形暗褐色斑，有同心轮纹，可见淡褐色蛛丝状霉。防治措施：加强苗床管理，提高地温，根据苗情适时通风，避免苗床高温高湿；喷施辣椒植宝素75～90倍液或0.1%～0.2%磷酸二氢钾，提高幼苗抗病能力；药剂防治采用50%速克灵可湿性粉剂 1 500倍液或 20% 甲基立枯磷乳油 1 200倍液或 36% 甲硫菌灵水剂 500 倍液等喷雾，7 ~ 10 天喷 1 次，连续用药 2 ~ 3 次。

（3）灰霉病的识别与防治。灰霉病是辣椒苗期的主要病害之一。在辣椒幼苗后期发生，幼苗染病多在叶尖开始腐烂，由叶缘向内呈“V”字形向四周蔓延，叶片病部腐烂后长出灰色霉层；茎上染病后可见水渍状不规则斑，绕茎 1 周，其上部茎叶蔫死，病部表面有灰白色霉状物。

防治措施：控制温湿度，严防低温高湿，加强通风透光，降低苗床湿度，避免浇水后遭遇阴雨天，防止叶面结露；减少氮肥施用量；药剂防治采用 50% 多菌灵可湿性粉剂 500 倍液或 50% 速克灵可湿性粉剂 2 000 ~ 2 500倍液或 50% 扑海因可湿性粉剂 800 倍液等喷雾，7 ~ 10 天喷 1 次，连续用药 2 ~ 3 次。

（4）辣椒疫病的识别与防治。辣椒疫病在苗期发生，茎基部出现暗绿色水渍状溢缩，病斑近似圆形，环境湿热时扩展很快，几天后发病处出现软腐，是一种发病周期短，流行速度快的毁灭病害。

防止措施：种子消毒、床土消毒；加强育苗期管理，通过加温和通风等措施调节大棚内温度和湿度，幼苗密度过大时及时清除弱苗；发现病情，立即拔除中心病株，并用800 ~ 1 000 倍的 75% 百菌清、50% 多菌灵或 65% 代森锰锌喷施，7 ~ 10 天喷 1 次，连喷 2 ~ 3 次。

五、栽培技术

（一）高产栽培技术

加工型辣椒是我国出口创汇的主要蔬菜作物之一，在我国的陕西、四川、贵州、湖南、湖北、新疆、内蒙古自治区、山东、辽宁、吉林、河南等地均有大面积种植。加工型辣椒多为露地栽培种植，生产成本低、技术较易掌握，产品易储藏运输，种植加工型辣椒已成为广大农民的重要致富途径。据调查，加工型辣椒一般每667平方米可产鲜红椒2 000～3 000千克，可产干椒250～400千克。高产田块鲜椒、干椒单产分别达到4 000千克和500千克，效益十分可观。

1. 栽培季节与栽培制度

（1）栽培季节。加工型辣椒生育期较长，一般为150～200天，在国内各主要产区均为一年栽培一季，而且生产上以采收鲜红辣椒和晒制干椒为目的，绝大部分产品为“订单辣椒”，主要供应辣椒加工企业，常年销售价格波动不大，保持相对稳定，因此，加工型辣椒主要是露地栽培，一般不需要进行春提早或秋延迟设施栽培。

各地辣椒栽培季节的确定，主要根据辣椒生长发育对环境条件的要求如温度、光照等，以及当地的土壤、气候和农业生产条件等而定，一般掌握的原则是，尽量将辣椒的生育期，尤其是产品器官形成期（结果期）安排在当地最适宜或比较适宜的季节或月份进行栽培，以获得优质和高产。

辣椒属于喜温类蔬菜，其生长发育的最适温度为 20～30℃，最低温度为 5℃，发芽出苗的最适温度为 25～30℃，最低温度为 10℃。辣椒果实发育成熟期要求光照充足，降水较少，昼夜温差大。综合上述要求，南方地区干红椒多在夏秋季节栽培，而北方地区均在春夏季栽培。

以黄淮海地区辣椒栽培为例，一般春季当地 10 厘米地温稳定在 12℃以上，且安全渡过当地终霜期后，辣椒等喜温类蔬菜可以播种或定植。山东、河北等地 4 月中下旬为辣椒适宜的播种或定植期。生产上为了充分利用最适宜的栽培季节，提早收获，延长结果期，提高产量，各地广泛应用各种育苗设施进行早春育苗，适时进行定植。辣椒从播种到长至 5～6 片真叶约需 50～60 天，因此，辣椒育苗移栽适宜的播种期为 2 月中下旬至 3 月上旬。

（2）栽培制度。栽培制度是指蔬菜的茬口安排及轮作和间套作等制度设计。加工型辣椒在全国各地种植均为一年一大茬，南方多为夏秋茬栽培，8 月上中旬播种或定植，10 月上旬开始收获，12 月上旬拔秧；北方多为春秋茬栽培，4 月中下旬播种或定植，8 月下旬开始收获鲜红辣椒，10 月上旬拔秧，集中晾晒干红辣椒。

辣椒不耐连作，长期连作会破坏土壤养分的平衡，使土壤肥力下降，某些矿质元素缺乏，恶化土壤理化性状，其根系分泌物影响土壤酸碱度，且连作对土壤结构也有不良影响；导致根腐病、黄萎病等土传病害严重发生。辣椒连作两年以上，往往就会植株生长不良、病害加重，产量明显下降，果实（椒型）变小，品质变劣。

辣椒的轮作年限主要根据当地栽培面积大小和其他主栽作物种类多少而定，同时还与养地作物后效长短、人均土地多少及当地的自然环境条件等因素有关。辣椒的轮作年限一般是需间隔2~3年。如果当地倒茬轮作确有困难，辣椒连作也不能超过2年。

实践证明，不同生态型的作物间换茬效果较好，而同科作物由于易感染相同的病虫害，换茬效果较差。生产上一般辣椒多与小麦、玉米、水稻等粮食作物以及葱蒜类作物轮作，效果较好，有条件的地区最好采取水旱轮作。

辣椒生育期较长，根系较浅，喜温耐阴，特别是辣椒田播种或定植前以及收获后，田间有5个多月的休闲时间，因此，辣椒是非常适合间作套种的作物。为了充分利用地力和光能，各地不断探索、实践辣椒与其他蔬菜和粮食作物的间作套种模式，各种立体种植模式不断涌现，已成为“椒—菜”、“椒—粮”双扩双增，增加复种指数，提高单位面积产量，促进农民增收的一条重要途径。

根据各地研究及生产实践表明，辣椒合理的间作套种，可以建立田间合理的群体结构，使田间群体的受光面积由平面变为波浪式受光面，构建合理的作物复合群体，满足不同作物对光照强度的不同要求，提高光能利用率；充分利用土壤地力，提高土壤中各种营养元素的利用率，还便于维持土壤溶液中的离子平衡，保证作物的正常生长发育；改善田间小气候，改善群体叶层内的温度、湿度及二氧化碳的分布状况，有利于群体光合生产率的提高和作物抗逆性的增强，从而减轻某些病害的发生。据调查，辣椒与玉米间作时，由于玉米的遮阴及诱集作用，辣椒果实的日烧病及田间棉铃虫、蚜虫等害虫为害明显减轻。

辣椒间作套种组合方式的原则和经验是：“植株高矮搭配、根系深浅搭配、生长期长短搭配，喜光和耐阴搭配。”山东省德州市农业科学研究院多年开展包括辣椒在内的立体种植的研究与开发工作，目前，在辣椒上推广应用的主要模式有“小麦—辣椒—玉米”“大蒜—辣椒—玉米”“洋葱—辣椒—玉米”等。有关技术要求在下一部分有专门介绍。

2. 品种选择

加工型辣椒栽培为越夏露地栽培，应选择耐热性强、抗病性突出、产量高、品质好的中晚熟品种；同时考虑品种的加工特性，要求果实颜色鲜红、加工晒干后不褪色，有较浓的辛辣味，果实色价高，果肉含水量小、后期自然脱水速度快，干物质含量高等特点。目前，生产上普遍选用的普通椒品种有英潮红4号、金塔系列辣椒品种、德红1号、世纪红、金椒、干椒3号、干椒6号、益都红等，朝天椒品种有日本三樱椒、天宇系列辣椒品种等。

3. 整地施肥

辣椒栽培要求土壤疏松通气，因此，最好在年前秋冬季前茬作物收获后，及时清洁田园，深翻土地（深30~40厘米），冻垡风化，通过深耕冻化提高土壤的通透性。辣椒定植前30天左右进行第二次深翻（20厘米）。在进行第二次深翻整地时，底土不宜整得过小过细，一般底层土块要求大如手掌，可增大底层土壤的孔隙度，以利于辣椒根系的呼吸；而表层土壤要整细整平，以利于定植后辣椒根系与土壤的结合，促进幼苗的成活和根系的生长发育，同时也有利于农事操作，中耕除草。

加工型辣椒生长期比较长，因此，必须施足基肥，保证生育期间辣椒植株能够获得足够而均衡的养分，减少因追肥不及时而造成的落花落果现象。结合第二次深翻整地时，每667平方米施腐熟有机肥5~6立方米，同时每667平方米施氮磷钾复合肥（15-15-15）50千克。

北方地区一般采用平畦栽培，后期培土的种植方式。如想提早定植，可采用地膜覆盖栽培方式，即整平垄面后覆盖地膜，按照平均行距60厘米计算，两行扣一幅宽1.2米的地膜，地膜要拉紧压实，紧贴地面，1周后即可定植。南方夏季雨水较多，为方便农事操作、排水和沟灌，一般采用窄畦或高垄，按1.5~2米开沟起垄，垄面宽1~1.5米。整好地后按中熟品种（0.4~0.5）米×0.5米，晚熟品种0.6米×（0.6~0.8）米的参考株行距挖定植穴。

4. 辣椒育苗

参见“育苗技术”部分。

5. 辣椒定植

加工型辣椒的定植时期主要取决于露地的温度情况，各地宜在晚霜期过后，当10厘米深处土壤温度稳定在15℃左右即可定植，一般来说，露地栽培定植期应比地膜覆盖栽培晚5~7天。应根据当地气候条件，适时及早定植，可使辣椒植株在高温季节（7~8月份）到来之前，充分生长发育而有足够大的营养体，为开花坐果打下基础。如果定植过晚，在高温到来之前植株营养体不够大，还未封垄，裸露的土壤经太阳直射，致使土温过高，影响根系生长，吸收能力减弱，进而影响地上部生长，从而导致生理失调，并易诱发病毒病，严重影响产量。

辣椒定植宜选在晴天进行，晴天土壤温度高，有利于辣椒根系的生长，促进缓苗发棵，虽然晴天定植辣椒幼苗容易出现萎蔫，但这只是植物的一种保护性的适应现象，只要辣椒幼苗健壮，定植后出现某种程度的暂时萎蔫现象，是正常的。阴雨天定植，植株虽然不发生萎蔫，但土壤温度低，不利于辣椒幼苗发根，成活率低，缓苗慢。辣椒种植密度与品种、土质及肥力水平有着密切的关系。一般早熟品种和朝天椒类型品种密度较大，而尖椒、线椒类型的中晚熟品种密度较小；土壤肥力较好的地块密度宜小，土质较为瘠薄的地块密度宜大一些。有些地区菜农在辣椒种植上有贪多图密的现象，造成单株结果少，病害偏重发生，影响辣椒产量和品质。据研究，在中等肥力条件下，尖椒、线椒类型辣椒每667平方米种植4 000～5 000株，朝天椒每667平方米种植6 500～7 000株。移栽时按既定密度，在地膜上按照28～30厘米株距开定植穴，尖椒、线椒类型辣椒单株定植，朝天椒类型品种双株定植。辣椒茎部不定根发生能力弱，不宜深栽，栽植深度以不埋没子叶为宜。栽苗时大小苗要分级，剔除病弱苗，老化苗。定植后要立即浇定植水，促进根系复活，随栽随浇。干旱地区可用暗水稳苗定植，即先开一条定植沟，在沟内灌水，待水尚未渗下时将幼苗按预定的株距轻轻放入沟内，当水渗下后及时进行掩埋，覆平畦面。

6. 辣椒直播

在辣椒集中产区、辣椒规模种植园区以及种植大户，因采用育苗移栽用工较多，或持续时间较长，生产上多采用直播的方式。直播前土壤要深翻细耙，使土壤细碎平整，以便于播种和出苗。常见的有人工点播和机械条播两种方式。

（1）人工点播。整地施肥后，按带宽120厘米做畦，垄面宽90厘米，垄沟宽30～40厘米，垄沟深15～20厘米，在垄面播2行辣椒。4月上旬进行播种。采用挖穴直播方式，在垄面上按行距60～70厘米，株距25～30厘米挖穴，为防止辣椒出苗后遇到低温天气使幼苗受到冷害，采用深开穴浅覆土播种法。穴深5～6厘米，每穴播种4～5粒，覆土1.0厘米左右。如果播种时土壤墒情不好，要采取坐水播种法。覆土后将多余的土向穴的四周摊均匀，整平垄面，此时注意防止土溜进穴窝内，盖上薄膜后，在膜上每隔2米压一土堆，以防大风揭膜。

当辣椒出苗后即将顶住地膜时，选晴天下午或阴天及时放苗，放出苗后要将膜口向下按，使其贴紧穴底，用土封严膜口。放苗时一并疏苗，每穴留 3 株。当苗高达到 15 厘米时，按照辣椒品种特性进行定苗。

（2）机械条播。辣椒播种机械一般选择小麦播种机。辣椒要求行距较大，因此，在辣椒播种作业前，要对稻麦条播机做适当调整，可以通过间隔封堵排种箱内的排种口，在行距调节板上移动播种部件的位置，把行距调整为 60 厘米；由于辣椒种子籽粒较小，顶土力较弱，调节播深时调至播深 0.5～1.0 厘米为宜。

由于辣椒的颗粒小且播量少，播种量难以控制，因此，不能将辣椒种单独加入种箱，种子需根据品种的不同按 1∶2～1∶3 的比例配比炒熟的废旧辣椒种子，以控制播量。每 667 平方米需种量 400～500 克，随播随覆盖地膜。

辣椒出苗后，要及时进行间苗。间苗时要按照“四去四留”的原则，即：子叶期去密留稀，棵棵放单；2～3 叶期去小留大，叶不搭叶，留苗数约为定苗数的 1.5 倍左右；5 叶期去弱留强，去病留健。

直播的辣椒常因为播种不匀造成断垄缺苗现象，在 4～5 叶期应及时进行补苗。补栽苗可利用定苗时拔出的健壮没伤根的幼苗。将苗打穴栽好后浇水，再用土盖住湿土以保墒，为提高成活率，在高温天气补苗时，可拔取田间杂草盖苗遮荫，避免叶片失水萎蔫干枯。

7. 田间管理

（1）水分管理。刚定植的幼苗根系弱，外界气温低，地温也低，浇定植水量不宜过大，以免降低地温，影响缓苗。浇水后，要及时中耕松土，增加地温，保持土壤水分，促进根系生长。缓苗后至开花坐果期，应适当控制水分，促使根系向土壤深处生长，达到根深叶茂。土壤水分过多，既不利于深扎根，又容易引起植株徒长，坐果率降低。当土壤含水量下降到20%时，要及时浇水，然后中耕。

辣椒坐果后长时间不灌水，就会造成土壤干旱，植株生长矮小，甚至会引起落花、落果，导致减产。因此，露地辣椒灌水期一般在门椒长到最大体积时进行，早熟品种的灌水期可适当提前。进入盛果期，辣椒已枝繁叶茂，叶面积大，此时外界气温高，地面水分蒸发和叶面蒸腾多，要求有较高的土壤湿度，理想的土壤相对含水量为80%左右，每隔10～15天浇水一次，以底土不见干，土表不龟裂为准。辣椒进入红果期应控制浇水，一般进入8月中下旬后不再浇水，以免辣椒“贪青”，影响辣椒果实上色及品质的形成。

辣椒浇水前要除草、追肥，避免浇水后辣椒田发生草荒和缺肥。浇水前要多关注天气预报，看准天气，以免浇水后降水，产生涝害，造成根系窒息，引起沤根和诱发病害。在发生辣椒病害的地块，不宜进行大水漫灌，以免引起辣椒病害传染流行发生。

（2）追肥。应根据辣椒不同生长发育阶段的需肥特点进行追肥。遵循“轻施苗肥，稳施花肥、重视果肥、早施秋肥”的原则进行。

轻施苗肥：辣椒苗定植大田后到辣椒开花前这一阶段，施肥的作用主要在于促进植株生长健壮，为开花结果打好基础，一般在辣椒定植后7～10天，幼苗恢复生长，即可追施人粪尿等粪肥稳苗，肥液浓度要低。这一时期忌单施氮肥，防止植株徒长，延迟开花时间。如果大田底肥施入量充足，苗期可不用追肥。

稳施花肥：辣椒开花后至辣椒第一次采收前，施肥的主要作用是促进植株分枝、开花、坐果。一般每667平方米可施入氮磷钾复合肥15～20千克，不宜追肥太多，以免导致辣椒植株徒长，引起落花。如此时土壤缺肥，将严重影响辣椒植株的分枝、开花和坐果。

重施果肥：从第一次采收至立秋之前，植株进入结果盛期，是整个生育期中需肥量最大的时期，因此要多施，一般每667 平方米追施氮磷钾复合肥 25 ~ 30 千克，必要时加尿素 10 千克。追肥要与浇水灌溉相结合，一般是开沟施肥后结合浇水或顺垄沟撒施肥料后马上浇水，要控制好浓度，以免土壤溶液浓度过高，引起落花、落果、落叶或全株死亡。

早施秋肥：秋肥可以提高加工型辣椒后期产量，增加秋椒单果重。可在立秋或处暑前后每 667 平方米追氮磷钾复合肥 20 千克，促进辣椒发新枝，增加开花坐果数，秋肥追施过晚，气温下降，不适于辣椒开花坐果，肥效难以发挥作用，还会造成辣椒贪青晚熟现象。

（3）中耕培土。由于浇水施肥及降水等因素，造成土壤板结，定植后的辣椒幼苗茎基部接近土表处容易发生腐烂现象，应及时进行中耕。中耕一般结合田间除草进行。辣椒生长前期进行中耕能提高地温，增加土壤的透气性，促进辣椒幼苗长出新根，促进辣椒根系的吸水吸肥能力。中耕的深度和范围随辣椒植株的生长而逐渐加深和扩大，以不伤根系和疏松土壤为准，一般进行3 ~ 4 次。辣椒植株封垄前进行一次大中耕，土坨宜大，便于透气爽水，以后只进行除草不再中耕。露地加工型辣椒一般植株高大，结果较多，要进行培土以防辣椒倒伏，在封垄之前，结合中耕逐步进行培土，一般中耕一次培土一次，田间形成垄沟，辣椒植株生长在垄上，使根系随之下移，不仅可以防止植株倒伏，还可增强辣椒植株的抗旱能力。

（4）植株调整。整枝可以促进辣椒果实生长发育，提高其产量和品质。门椒现蕾时应及时去除，同时，要把门椒以下的侧枝及时打掉。整枝应遵循“抓早抓小，芽不过指，枝不过寸”的原则，发现不结果的无效枝要及时打掉。

朝天椒的产量主要集中在侧枝上，主茎上产量仅占10%～20%左右，而侧枝上的产量却占80%～90%。朝天椒的主茎长到14～16片叶时顶端就要开花，这时侧枝还没有发足，只有中下层三至五条侧枝伸张开来，主枝顶端开花坐果后，营养供应中心就集中在顶端，并过早转入生殖生长，使中下部侧枝发育不良，侧枝数少，侧枝上果小、果少总产量就会降低，同时导致果实成熟不一。因此，主茎长到14～16片叶未开花即主茎现蕾（大约在5月底6月初）时必须进行人工摘心，摘除主茎花蕾，限制主茎生长促进侧枝发育，提高产量。注意打顶后结合浇水每667平方米追施尿素5～10千克，促进侧枝发育。

8. 辣椒“三落”的发生与防治

辣椒的落花、落果与落叶现象对产量影响很大。落花率一般可达20%～40%，落果率达5%～10%，温度过高或过低，辣椒授粉、受精不良是引起落花的主要原因。春季早期落花的主要原因是低温阴雨，光照不足，影响了授粉、受精的正常进行。另一方面，栽培管理不善，如氮肥施用过多，植株徒长，栽植过密，通风透光不良或氮、磷缺乏等，均会引起落花、落果。土壤水分失调，过湿、过干或涝渍，妨碍根系生长，易引起落果、落叶。此外，一些病虫害，也会引起辣椒的“三落”。预防辣椒“三落”，要培育壮苗，增施有机肥、平衡施肥，加强辣椒植株调整，积极预防辣椒旱涝灾害，同时科学预防病虫为害，选择安全高效的农药品种及正确的施药方法。

9. 辣椒主要病虫害防治

辣椒病虫害防治应“预防为主，综合防治”，以农业防治为基础，积极应用物理、生物防治方法，化学防治要掌握正确的施药方法，减少化学农药用量，执行农药安全使用标准，使辣椒果实中农药残留不超标，确保符合无公害生产技术标准。

对于出口加工产品有明确技术要求的，应严格按照相关技术规程进行。

有关病虫害的防治详见“病虫害绿色防控技术”部分。

10. 采收晾晒

辣椒果实作为鲜椒出售的，在8月底至9月初，成熟果达到1/4以上时开始采摘，以后视红果数量陆续采摘。采收时要摘取整个果实全部变红的辣椒，去除病斑、虫蛀、霉烂和畸形果后出售。

出售干椒的，可在霜前7～10天连根拔下在田间摆放。摆放时根朝一个方向，每隔7～10天上下翻动一次。在田间晾晒15～20天后，拉回码垛。椒垛要选地势高燥、通风向阳的地方。垛底用木杆或作物秸秆垫好，码南北向单排垛，垛高1.5米左右，垛间留0.5米以上间隙，每隔10天左右翻动一次。雨天用塑料膜或防雨布遮盖，雨停后撤去遮盖物，保证通风。晾晒翻动时不要挤压、践踏，不能用钢叉类利器翻动，以免损伤辣椒果实，造成霉烂。当辣椒逐渐干燥，椒柄可折断、摇动时有种子响动声、对折辣椒有裂纹、果实含水量17%左右时，即可进行采摘，分级销售。

在采摘、包装、运输、销售过程中应注意减少破碎、污染，以保证辣椒品质。

（二）立体种植技术

1. 小麦—辣椒—玉米

小麦行间套种辣椒，能充分发挥土地、光热、劳力、生产资料和资源利用率，小麦套种辣椒的田块改变了原来的光、热、水、气等气候环境条件，前期以小麦植株作屏障对辣椒有很好的挡风防寒作用，有利于辣椒提早发育。辣椒与玉米间作使作物高矮成层，相间成行，有利于改善作物的通风透光条件，提高光能利用率，充分发挥边行优势的增产效应。辣椒与玉米间作可以适当遮阴，有利于植株生长，抑制辣椒果实日灼现象，有效防止蚜虫传播病毒，从而达到减少“三落”，增加产量的目的，特别是在辣椒集中产区，连作病害严重，采用辣椒玉米间作，利用相互间的抑制和促进作用，可有效减轻辣椒的病虫为害。

（1）品种选择。小麦选用经过国家和各地品种审定委员会审定，经试验、示范，适应当地生产条件、单株生产力高、抗倒伏、抗病、抗逆性强的冬性或半冬性品种。中产水平条件下，宜选用分蘖成穗率高、稳产丰产的品种；在华北地区高产水平条件下，宜选用耐肥水、增产潜力大的品种。如良星 99、济麦 22、济麦 20（强筋）、鲁原 502、烟农 19（强筋）、烟农 24 等为主。

加工型辣椒应选择耐热性强、抗病性突出、产量高、品质好的中熟品种；同时考虑品种的加工特性，要求果实颜色鲜红、加工晒干后不褪色，有较浓的辛辣味，果肉含水量小、干物质含量高等特点。目前生产上普遍选用的普通椒品种有英潮红 4 号、金塔系列辣椒品种、德红 1 号、世纪红、金椒、干椒 3 号、干椒 6 号等，朝天椒品种有日本三樱椒、天宇系列辣椒品种等。

玉米品种选择边行效应明显，喜肥水，抗病性强的高产品种，如登海 605、登海 618 等。为提高综合经济效益，玉米品种也可选用鲜食的优良糯玉米品种。

（2）种植方式。“小麦 + 辣椒”套种方式为 4：2，即 133 厘米的套种带幅内播 4 行小麦，栽植 2 行辣椒（图 4），该套种的特点是利用小麦与辣椒 2 个月左右的共生期，相互间无不利影响。小麦种植时留有辣椒套种行，辣椒移栽在套种行内，而且是宽窄行种植，可充分利用边行效应，通风透光良好，植株生长健壮，所以辣椒产量不受影响，还增加一季小麦的收入。

“玉米+辣椒”的套种方式4：1，即每4行辣椒间作1行玉米，玉米株距30厘米，一穴双株，密度为1 850株，这样就改变了田间小气候又防治了辣椒的日烧病，为辣椒的高产奠定了基础，同时在收获辣椒前可以先行收获玉米，增加了种植收入。

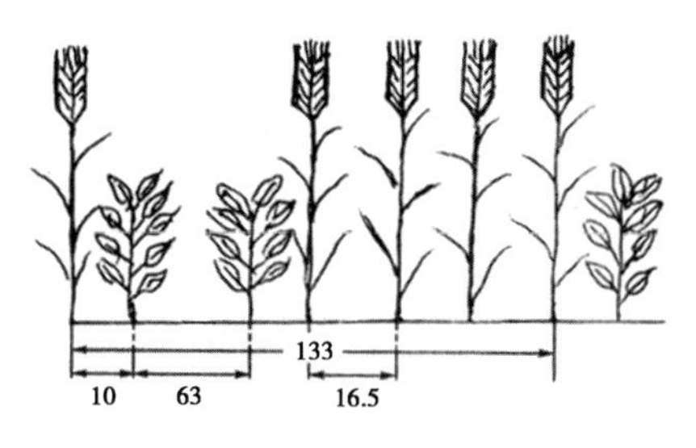

图4 小麦—辣椒间作示意图（单位：厘米）

（3）小麦播种。前茬是玉米的麦田，玉米穗收获后，将玉米秸用秸秆还田机粉碎2～3遍，秸秆长度5厘米左右。耕翻或旋耕掩埋玉米秸秆后浇水造墒、塌实耕层，每667平方米浇水40立方米。小麦出苗的适宜土壤湿度为田间持水量的70%～80%，土壤墒情较好不需要造墒的地块，要将粉碎的玉米秸秆耕翻或旋耕后，用镇压器多遍镇压。没有造墒的麦田，在小麦播种后立即浇蒙头水，墒情适宜时耧划破土，辅助出苗。

采用旋耕的麦田，应旋耕3年，深耕翻1年，耕深23～25厘米，破除犁底层；或用深松机深松，深度30厘米，也可破除犁底层。耕翻或旋耕后及时耙地，破碎土块，达到地面平整、上松下实、保墒抗旱，避免表层土壤疏松播种过深，形成深播弱苗。

小麦播种时间为10月10～20日。播种前每667平方米施优质农家肥 4～5 立方米，或者鸡粪 1 000千克以上，或者饼肥 200～300 千克，在此基础上，每 667 平方米底施磷酸二铵 20 千克、尿素 20 千克、硫酸钾 25 千克，或三元复合肥、小麦专用肥 50 千克。

用小麦精播机或半精播机播种，行距 21～23 厘米，播种深度 3～5 厘米。播种机不能行走太快，每小时 5 公里，以保证下种均匀、深浅一致、行距一致、不漏播、不重播。

播种后镇压：用带镇压装置的小麦播种机械，在小麦播种时随种随压；没有浇水造墒的秸秆还田地块，播种后再用镇压器镇压 1～2 遍，保证小麦出苗后根系正常生长，提高抗寒抗旱能力。

（4）小麦冬前管理。查苗补种：小麦出苗后及时查苗补种，对有缺苗断垄的地块，选择与该地块相同品种的种子，开沟撒种，墒情差的开沟浇水补种。

防除杂草：于 11 月上中旬，小麦 3～4 叶期，日平均温度在 10℃以上时及时防除麦田杂草。阔叶杂草每 667 平方米用 75% 苯磺隆 1 克或 15% 噻磺隆 10 克，抗性双子叶杂草每 667 平方米用 5. 8% 双氟磺草胺（麦喜）悬浮剂 10 毫升或 20% 氯氟吡氧乙酸（使它隆）乳油 50～60 毫升，对水 30 千克喷雾防治。单子叶杂草每 667 平方米用 3% 甲基二磺隆（世玛）乳油 30 毫升，对水 30 千克喷雾防治。野燕麦、看麦娘等禾本科杂草每 667 平方米用 6. 9% 精恶唑禾草灵（骠马）水乳剂 60～70 毫升或 10% 精恶唑禾草灵（骠马）乳油 30～40 毫升，对水 30 千克喷雾防治。

浇越冬水：在 11 月下旬，日平均气温降至 3～5℃时开始浇越冬水，夜冻昼消时结束，每 667 平方米浇水 40 方。浇过越冬水，墒情适宜时要及时划锄。对造墒播种，越冬前降水，墒情适宜，土壤基础肥力较高，群体适宜或偏大的麦田，也可不浇越冬水。

（5）小麦春季管理。划锄镇压：小麦返青期及早进行划锄镇压，增温保墒。

防除杂草：冬前没防除杂草或春季杂草较多的麦田，应于小麦返青期，日平均温度在10℃以上时防除麦田杂草。防除药剂与冬前期相同。

化控防倒：旺长麦田或株高偏高的品种，应于起身期每667平方米喷施壮丰安30～40毫升，对水30千克喷雾，抑制小麦基部第一节间伸长，使节间短、粗、壮，提高抗倒伏能力。

追肥浇水：高产条件下，分蘖成穗率低的大穗型品种，在拔节初期（基部第一节间伸出地面1.5～2厘米）追肥浇水；分蘖成穗率高的中穗型品种，在拔节初期至中期追肥浇水。中产条件下，中穗型和大穗型品种均在起身期至拔节初期追肥浇水。浇水量每667平方米40立方米。

防治纹枯病：起身期至拔节期，当病株率15%～20%，病情指数6～7时，每667平方米用5%井冈霉素水剂150～200毫升，或40%戊唑双可湿性粉剂90～120克，对水75～100千克喷麦茎基部防治，间隔10～15天再喷一次。

防治麦蜘蛛：可用1.8%阿维菌素乳油4 000倍液喷雾防治。

（6）辣椒育苗。辣椒的苗龄一般为50～60天左右，华北地区最佳育苗期为2月下旬至3月上旬。可在麦田就近采用阳畦育苗。育苗地点选择在地势开阔、背风向阳、干燥、无积水和浸水、靠近水源的地方，苗床土要求肥沃、疏松、富含有机质、保水保肥力强的沙壤土。准备育苗土：土壤和腐熟有机肥比例为6∶4，每1立方米育苗土加入草木灰15千克、过磷酸钙1千克，经过堆沤腐熟后均匀撒在苗床上，厚度约1～2厘米，然后整细整平。播种前，将种子用55℃的温水浸泡15分钟，并不断搅动，水温下降后继续浸泡8小时，捞出漂浮的种子。将浸种完的种子，用湿布包好，放在 25～30℃条件下，催芽 3～5 天。当 80% 的种子“露白”时，即可播种。播种时浇 1 遍水，播种要求至少 3 遍，以保证落种均匀。覆土要用细土，厚度为5～10 毫米。为便于掌握，可在床面上均匀放几根筷子，然后覆土，至筷子似露非露时即可。覆完土后盖地膜，接着覆盖棚膜，膜上加盖草苫。

10 天左右后，出苗达 50% 时及时揭掉棚膜。育苗期，每天太阳出来后及时揭苫，日落前盖苫。选择无风、温暖的晴天，利用中午时间拔除杂草。定植前 10 天左右逐步降温炼苗，白天 15～20℃，夜间 5～10℃，在保证幼苗不受冻害的限度下尽量降低夜温。苗床干时需浇小水，幼苗叶色浅黄时，可酌情施用磷酸二氢钾等叶面肥，育苗后期需放风降温和揭膜炼苗，定植前两天浇透苗床，以利移苗。育苗期间注意防治猝倒病、立枯病，可用 72.2% 普力克水剂 400～600 倍液，72% 克露可湿性粉剂 500～800 倍液防治，也可在苗床喷洒安克。

（7）辣椒定植。当地温稳定在 12℃，气温稳定在 15℃以上时为定植适期。华北地区定植时间在立夏前后，即 4 月底到 5 月初定植。定植沟深 6～8 厘米，穴距 25 厘米，尖椒、线椒类型辣椒品种每穴 1 株，密度每 667 平方米 4 000株左右；朝天椒品种穴距 30 厘米左右，每穴 2 株，密度每 667 平方米 6 500～7 000株。

刚定植的幼苗根系弱，外界气温低，地温也低，浇定植水量不宜过大，以免降低地温，影响缓苗。浇水后，要及时中耕松土，增加地温，保持土壤水分，促进根系生长。

（8）小麦后期管理。由于辣椒定植时已浇水，此时期可不必给小麦浇水，重点是防治小麦各种病虫害。

小麦条锈病：每 667 平方米用 15% 三唑酮可湿性粉剂 80～100 克或 20% 戊唑醇可湿性粉剂 60 克，对水 50～75 千克喷雾防治。

小麦赤霉病：每 667 平方米用 50% 多菌灵可湿性粉剂或 50% 甲基托布津可湿性粉剂 75 ~ 100 克，对水稀释 1 000倍，于开花后对穗喷雾防治。

小麦白粉病：每 667 平方米用 40% 戊唑双可湿性粉剂 30 克或 20% 三唑酮乳油 30 毫升，对水 50 千克喷雾防治。

麦蚜：每 667 平方米用 10% 吡虫啉 10 ~ 15 克或 50% 抗蚜威可湿性粉剂 10 ~ 15 克，对水 50 千克喷雾防治。

小麦红蜘蛛：每 667 平方米用 20% 甲氰菊酯乳油 30 毫升或 40% 马拉硫磷乳油 30 毫升或 1. 8% 阿维菌素乳油 8 ~ 10 毫升，对水 30 千克喷雾防治。

小麦吸浆虫：在抽穗至开花盛期，每 667 平方米用 4. 5% 高效氯氰菊酯乳油 15 ~ 20 毫升或 2. 5% 溴氰菊酯乳油 15 ~ 20 毫升，对水 50 千克喷雾防治。

叶面喷肥：灌浆期叶面喷施 0. 2% ~ 0. 3% 磷酸二氢钾 + 1% ~ 2% 尿素，延长小麦功能叶片光合高值持续期，提高小麦抗干热风的能力，防止早衰。

一喷三防：为提高工效，减少田间作业次数，在孕穗期至灌浆期将杀虫剂、杀菌剂与磷酸二氢钾（或其他的预防干热风的植物生长调节剂、微肥）混配，叶面喷施，一次施药可达到防虫、防病、防干热风的目的。山东省小麦生育后期常发生的病虫害有白粉病、锈病、蚜虫，一喷三防的药剂可为每 667 平方米用 15% 三唑酮可湿性粉剂 80 ~ 100 克、10% 吡虫啉可湿性粉剂 10 ~ 15 克、0. 2% ~ 0. 3% 磷酸二氢钾 100 ~ 150 克对水 50 千克，叶面喷施。

（9）小麦收获、玉米播种。为了缩短小麦和辣椒的共生期，小麦要在蜡熟末期至完熟初期用联合收割机收获，麦秸还田。优质专用小麦单收、单打、单储。

小麦收获后，立即播种夏玉米，每 4 行辣椒间作 1 行玉米，玉米株距 30 厘米，一穴双株，密度为每 667 平方米 1 850

株左右。播种后及时浇水以利用玉米迅速出苗。

小麦收获后，辣椒已经缓苗，尽早抓紧时间对小麦地进行中耕灭茬，结合轻施一次速效氮肥（每667平方米尿素10千克），促进辣椒的生长。

（10）辣椒田间管理。定植后到结果期前的管理：此时管理的重点是发根。辣椒根系的生长发育速度在幼苗期最快，以后随着地上部生长速度的加快，根系生长逐渐变慢，至开花结果期根系的生长基本停滞。辣椒根系的早衰都是在生长的中后期，根系的培育必须在开花结果期完成，而苗期又是最重要的时期。生产上，除增施有机肥促进土壤团粒结构形成、经常保持适宜的土壤含水量外，灌水及降水后，应及时中耕破除土壤板结，对改善土壤的透气性、促进根系生长很有效。

结果初期管理：当大部分植株已坐果，开始浇水。此时植株的茎叶和花果同时生长，要保持土壤湿润状态。如果底肥充足，肥效又好，植株生长旺盛，果实发育正常，可以不追肥。朝天椒类型的辣椒的花果期是其一生中需肥量最大的时期，而且朝天椒主要收获红辣椒，追肥晚会延迟辣椒红熟，因此在盛花期过后，及时追施高N、高K、低P水溶性复合肥20~30千克，随水冲施。

盛果期管理：盛果期，植株生长旺盛，营养生长和生殖生长同时进行。为防止植株早衰，要及时采收下层果实，并根据天气情况适时浇水，保持土壤湿润，每10~15天结合浇水，追施一次水溶性复合肥10~20千克，以利于植株继续生长和开花坐果。

徒长椒田管理：盛花后用矮丰灵、矮壮素等药喷洒，深中耕，控徒长。

植株调整：整枝可以促进辣椒果实生长发育，提高其产量和品质。门椒现蕾时应及时去除，同时，把门椒以下的侧枝要及时打掉。整枝应遵循“抓早抓小，芽不过指，枝不过寸”

的原则，发现不结果的无效枝要及时打掉。当朝天椒植株长有14～19片叶以后，摘除朝天椒的顶芽，可促进侧枝生长发育，提早侧枝的结果时间，增加侧枝的结果数，有利于提高产量。也可在椒苗主茎叶片达到12～13片时，摘去顶心，能促使辣椒早结果，多结果，结果一致，成熟一致。

培土成垄：在雨季到来、植株封垄以前，应对辣椒植株进行培土，既可防雨季植株倒伏，也能降低根系周围的地温，利于根系的生长发育。培土时要防止伤根。培土后及时浇水，促进发秧，争取在高温到来之前使植株封垄。

高温雨季管理：高温雨季的光照强度高，地表温度常超过38℃，辣椒根系的生长受到抑制。重点是要保持土壤湿润，浇水要勤浇、少浇，起到补充土壤水分的作用即可，而不要浇足、浇透。浇水宜在早晨或傍晚进行。雨季高温，杂草丛生，要及时清除田间杂草，防治病害传播。辣椒根系怕涝，忌积水。雨季中如土壤积水，轻者根系吸收能力降低，导致水分失调，叶片黄化脱落，引起落叶、落花和落果，重者根系就会窒息，植株萎蔫，造成沤根死秧。在雨季来临之前，要疏通排水沟，使雨水及时排出。进入雨季，浇水要注意天气预报，不可在雨前2～3天浇水，防止浇水后遇大雨。暴晴天骤然降水，或久雨后暴晴，都容易造成土壤中空气减少，引起植株萎蔫。因此，雨后要及时排水，增加土壤通透性，防止根系衰弱。

结果后期管理：9月份以后，进入辣椒果实成熟期，根系吸收能力下降，可适当喷施叶面肥，及时弥补根系吸收养料的不足。喷施叶面肥的时间应选在上午田间露水已干或16：00之后，以延长溶液在叶面的持续时间。喷洒叶面肥时从下向上喷，喷在叶背面，以利于其吸收，提高施肥效果。

辣椒生育期间，要密切关注各种病虫害的发生动态，贯彻“预防为主、综合防治”原则，结合小麦、玉米防病治虫，综合运用农业防治、物理防治、生物防治及化学防治措施，有效控制病虫为害。

具体病虫害的防治方法参见“病虫害绿色防控技术”部分。

（11）玉米田间管理。苗期虫害防治：玉米出苗后可用2.5%敌杀死3 000～4 000倍液，于傍晚时喷洒苗行地面或配成0.05%的辛硫磷毒砂撒于苗行两侧，防治地老虎；用40%氧化乐果乳剂1 000～1 500倍液喷洒苗心防治蚜虫、蓟马、稻飞虱；用50%辛硫磷1 500～2 000倍液喷洒玉米苗防治黏虫。

穗期管理：玉米从拔节到抽雄为穗期，一般经历25～35天，即出苗后45～55天。此期营养生长和生殖生长并进，营养器官生长迅速，生殖生长强烈分化，是玉米一生中生长最旺盛的阶段，需水肥最多，效率最大的时期，此阶段应合理运筹肥水，调节营养生长和生殖生长的矛盾，培育健壮的植株，达到穗大粒多，为后期高产打下良好的基础。

拔除弱株，中耕除草。个别地块密度过大，有小弱株，小弱株既占据一定空间，影响通风透光，消耗肥水，又不能形成经济产量，因此，应及早拔除小弱株，确保田间密度适宜，以提高群体质量。

穗期一般中耕1～2次。小喇叭口期应深中耕，以促进根系发育，扩大根系吸收范围。小喇叭口期以后，中耕宜浅，以保根蓄墒，一般可结合辣椒除草进行。

重施穗肥，适当培土。玉米穗期是果穗分化期，也是追肥最重要的时期。穗期追肥应以速效氮肥为主。追肥时间为大喇叭口期（12～13片展开叶），每667平方米追尿素20千克左右。中低产田穗肥占氮肥总追施量的40%左右。追肥应距玉米植株一侧8～10厘米，条施或穴施，深施10厘米左右。覆土盖严，减少养分损失。

及时排涝或灌溉。玉米穗期阶段要确保大喇叭口前后和抽雄前后土壤墒情充足。抽雄前后，地面应见湿不见干，墒情不足，应进行灌溉。宜涝地块还应在穗期结合培土挖好地内排水沟，积水时应及时排涝。

注意防治虫害。夏玉米穗期主要虫害有玉米螟、黏虫等。玉米螟可用3%辛硫磷颗粒剂每667平方米250克或*Bt*乳剂100～150毫升加细沙5千克施于心叶内防治。二代黏虫和蓟马可用50%辛硫磷1 000倍液或80%敌敌畏乳油2 000倍液喷雾防治。

花粒期管理：玉米抽雄到成熟为花粒期。大约需要50～60天，此期主要以生殖生长为主，管理的中心是养根护叶，防早衰，延长灌浆时间，提高灌浆强度，增加粒数，提高粒重。

追施粒肥，科学浇水。粒肥是防治后期玉米早衰的重要措施，对玉米前期施肥量少或表现有脱肥迹象的田块，应在吐丝期追施速效氮肥，每667平方米施尿素5～8千克。玉米抽雄开花期需水强度最大，对干旱的反应最敏感，是玉米需水"临界期"，此期如果缺水将会导致玉米花期不遇，不能正常授粉结实，极易造成秃尖、缺粒甚至空秆现象；灌浆至成熟期也是玉米需水的重要时期，这个时期干旱对产量的影响仅次于抽雄期，此期缺水会直接导致玉米千粒重下降。生产上有"开花不灌、减产一半"、"前旱不算旱、后旱减一半"等说法。在玉米生长后期要根据天气、墒情灵活掌握，使农民做到遇旱浇水。

（12）适时收获。辣椒果实作为鲜椒出售的，在8月底至9月初，成熟果达到1/4以上时开始采摘，以后视红果数量陆续采摘。采收时要采取整个果实全部变红的辣椒，去除病斑、虫蛀、霉烂和畸形果后出售。

出售干椒的，可在霜前7～10天连根拔下在田间摆放。摆放时将辣椒根部朝一个方向，每隔7～10天上下翻动一次。在田间晾晒15～20天后，拉回码垛。椒垛要选地势高燥、通风向阳的地方。垛底用木杆或作物秸秆垫好，码南北向单排垛，垛高 1.5 米左右，垛间留 0.5 米以上间隙，每隔 10 天左右翻动一次。雨天用塑料膜或防雨布遮盖，雨停后撤去遮盖物，保证通风。晾晒翻动时不要挤压、践踏，不能用钢叉类利器翻动，以免损伤辣椒果实，造成霉烂。当辣椒逐渐干燥，椒柄可折断、摇动时有种子响动声、对折辣椒有裂纹、果实含水量 17% 左右时，即可进行采摘，分级销售。在采摘、包装、运输、销售过程中应注意减少破碎、污染，以保证辣椒品质。

玉米成熟的标志是玉米苞叶干枯松散，籽粒变硬发亮，乳线消失，黑层出现即达到完熟期，此时收获千粒重最高。实践证明，玉米每早收一天，千粒重就会减少 3 ~4 克。因此，在不影响适时种麦的前提下，应尽量推迟玉米收获期，确保玉米在完熟期收获。

2. 大蒜—辣椒—玉米

采取辣椒、大蒜套种的形式，大蒜根系分泌的二硫基丙烯气体能够有效抑制辣椒病害发生。所以，辣椒产量高、品质好，辣味纯。而且大蒜、辣椒都按单作时的密度种植，产量不受影响，加上玉米，“双辣一粮”效益十分可观。

(1) 选用良种。大蒜品种选择当地适宜种植品种，金乡蒜和苍山蒜均可。

干辣椒应选择耐热性强、抗病性突出、产量高、品质好的中晚熟品种；同时考虑品种的加工特性，要求果实颜色鲜红、加工晒干后不褪色，有较浓的辛辣味，果肉含水量小、干物质含量高等特点。目前生产上普遍选用的普通椒品种有英潮红 4 号、金塔系列辣椒品种、德红 1 号、世纪红、金椒、干椒 3 号、干椒 6 号等，朝天椒品种有日本三樱椒、天宇系列辣椒品种等。

玉米品种选择边行效应明显，喜肥水，抗病性强的高产品种，如登海605、登海618等。为提高综合经济效益，玉米品种也可选用鲜食的优良糯玉米品种。

（2）种植方式。根据蒜椒套种及辣椒玉米间作的群体结构，提前设置套种行，以免辣椒移栽定植时损伤大蒜或大蒜收获时损伤辣椒，根据辣椒、玉米间作模式设计好做畦宽，做到"一畦三用"。大蒜的套种行为25厘米，小行为18厘米，每畦4.3厘米；辣椒于4月20日前后移栽，每穴两株，穴距25厘米，行距60厘米（隔3行大蒜种1行辣椒）；玉米于6月11~16日间播种，播种于畦埂两侧，株距15厘米，双行玉米间距30厘米，辣椒行与玉米行间距50厘米。

（3）大蒜播种。选择排灌方便，土层深厚、疏松、肥沃的地块。

蒜种的准备及处理：大蒜植株生长对种蒜的依赖性较强，大瓣种蒜内含营养物质多，播后出苗粗壮，生长速度快，长成的植株高大，蒜薹粗壮，蒜头产量高。因此，蒜种要一挑两选。一挑：即选择具有该品种特性，肥大、颜色一致、蒜瓣数适中、无虫源、无病菌、无刀伤、无霉烂的蒜头做蒜种。两选：即剥种时，首先进行种瓣选择，剔除茎盘发黄、顶芽受伤、带有病斑、发霉的蒜瓣及过小蒜瓣，选用蒜瓣肥大、色泽洁白、基部突起的蒜瓣，单瓣重在5~7克为宜。蒜种只要在播种前能剥完，愈晚剥愈好。剥种过早，蒜种易失水或受潮萌发或损伤，影响其生活力。在播种前，还要再挑选一次蒜种，剔除茎盘发黄、带病发霉的蒜瓣。将选好的种蒜在播前晒种2~3天，用清水浸泡1天，再用50%多菌灵可湿性粉剂500倍液浸种1~2小时，捞出沥干水分播种。

整地、施基肥：大蒜产量与氮、磷、钾三因素有明显的相关性，当氮、磷、钾配比为1：0.6：0.78时，种植大蒜的经济效益最高，因此，在大蒜施肥上要改变传统的施肥观念，增施磷、钾肥及微量元素肥料，减少氮肥用量。

常规播种：金乡大蒜最佳播期为10月5～10日。晚熟品种、小蒜瓣、肥力差的地块可适当早播；早熟品种、大蒜瓣、肥沃的土壤可适当晚播。另外，还应注意播种与施肥的间隔时间，以防烧苗，一般间隔时间不要少于5天。播种方法：开沟播种，用特制的开沟器或耙开沟，深3～4厘米。株距根据播种密度和行距来定。种子摆放上齐下不齐，腹背连线与行向平行，蒜瓣一定要尖部向上，不可倒置，覆土1～1.5厘米，播后及时浇水覆膜。大蒜种植的最佳密度为每667平方米22 000～26 000株。重茬病严重地块、早熟品种、小蒜瓣、沙壤土可适当密植，晚熟品种、大蒜瓣、重壤土可适当稀植。为便于下茬作物的套种应预留套种行，一般播种行18厘米、套种行25厘米。

喷除草剂和覆盖地膜：栽培畦整平后，每667平方米用37%蒜清二号EC对水喷洒。喷后及时覆盖厚0.004～0.008毫米的透明地膜。降解膜能够降温散湿，改善根际环境，防治重茬病害，提升大蒜质量，具有增产效果。建议使用降解膜。

(4) 大蒜田间管理。出苗期：一般出苗率达到50%时，开始放苗，以后天天放苗，放完为止。破膜放苗宜早不宜迟，迟了苗大，不仅放苗速度慢，而且容易把苗弄伤，同时也易造成地膜的破损，降低地膜保温保湿的效果。

幼苗期：及时清除地膜上的遮盖物，如树叶、完全枯死的大蒜叶、尘土等杂物，增加地膜透光率，对损坏地膜及时修补，使地膜发挥出其最大功用。用特制的铁钩在膜下将杂草根钩断，杂草不必带出，以免增大地膜破损。

花芽、鳞芽分化期：在翌春天气转暖，越冬蒜苗开始返青时（3月20日左右），浇一次返青水，结合浇水每667平方米追施氮肥5～8千克，钾肥5～6千克。

蒜薹伸长期：4月20日左右浇好催苔水。蒜薹采收前3～4天停止浇水。结合浇水每667平方米追施氮肥3～4千克，钾肥4千克左右。4月20日前后的“抽薹水”，既能满足大蒜的水分需求，又利于4月下旬辣椒的定植，提高成活率，促苗早发；也可以先辣椒定植再浇水，既是“催薹水”，也是“缓苗水”，做到“一水两用”。玉米播种后，根据辣椒、玉米的生长需要及降水情况进行的浇水，也是“一水两用”。

蒜头膨大期：蒜薹采收后，每5~6天浇一次水，蒜头采收前5~7天停止浇水。蒜头膨大初期，结合浇水每667平方米追施氮肥3~5千克、钾肥3~5千克。4月上旬的大蒜“催薹肥”及4月20日前后的大蒜“催头肥”，也为辣椒、玉米的苗期生长提供了足够的养分，为辣椒、玉米高产稳产打下坚实基础，达到“一肥三用”的效果。

（5）大蒜病虫害防治技术。

农业防治：选用抗病品种或脱毒蒜种。也可以进行异地换种，大蒜新品种安排到高纬度、高海拔地区或栽培条件差异大的地区，经2~3年种植，可恢复其生活力，具有一定的复壮增产效果。蒜种不应在商品蒜中挑取，而应建立留种田。每一户蒜农根据自己的种植面积设立种子田。种子田的密度、管理方法等应与大田有所区别，除了进行精细的管理外，还要注意以下几点：一种子田要比生产田密度小，以改善营养条件。二蒜薹露出叶鞘7~10厘米就要及时收获，收获时要尽量保护假茎，以利鳞茎膨大。三要适当晚收大蒜，使鳞茎充分成熟。

播前晒种2~3天。加强栽培管理，深耕土壤，清洁田园。有机肥充分腐熟，密度适宜，水肥合理。

物理防治：采用地膜覆盖栽培；利用银灰地膜避蚜；每2~4公顷设置一盏频振式杀虫灯诱杀害虫；采用1∶1∶3∶0.1的糖、醋、水、90%敌百虫晶体溶液，每667平方米放置10~15盆诱杀成虫。

生物防治：采用生物农药防治虫害。每667平方米用苦参碱*BT*乳剂2~3千克防治葱蝇幼虫。

化学防治：

①大蒜叶枯病：发病初期喷洒50%抑菌福粉剂700～800倍液或50%扑海因800倍液或50%溶菌灵、70%甲基托布津500倍液，7～10天喷1次，连喷2～3次。均匀喷雾，应交替轮换使用。

②大蒜灰霉病：发病初期喷洒50%腐霉利可湿性粉剂1 000～1 500倍液；或50%多菌灵可湿性粉剂400～500倍液；25%灰变绿可湿性粉剂1 000～1 500倍液，7～10天喷1次，连喷2～3次。均匀喷雾，应交替轮换使用。

③大蒜病毒病：发病初期喷洒20%病毒A可湿性粉剂500倍液；或1.5%植病灵乳剂1 000倍液；或用18%病毒2号粉剂1 000～1 500倍液，7～10天喷1次，连喷2～3次。均匀喷雾，应交替轮换使用。

④大蒜紫斑病：发病初期喷洒70%代森锰锌可湿性粉剂500倍液；或30%氧氯化铜悬浮剂600～800倍液，7～10天喷1次，连喷2～3次。均匀喷雾，应交替轮换使用。

⑤大蒜疫病：发病初期喷洒40%三乙膦酸铝可湿性粉剂250倍液；或72%稳好可湿性粉剂600～800倍液；或72.2%宝力克水溶剂600～1 000倍液；或64%恶霜灵可湿性粉剂500倍液，7～10天喷1次，连喷2～3次。均匀喷雾，应交替轮换使用。

⑥大蒜锈病：发病初期喷洒30%特富灵可湿性粉剂3 000倍液；或20%三唑酮可湿性粉剂2 000倍液，7～10天喷1次，连喷2～3次。

⑦葱蝇：成虫产卵时，采用30%邦得乳油1 000倍液；或2.5%溴氰菊酯3 000倍液喷雾或灌根。

⑧葱蓟马：采用20莫比朗1 000倍液；或2.5%三氟氯氰菊酯乳油3 000～4 000倍液；或40%乐果乳油1 500倍液喷雾。

（6）大蒜采收。蒜薹顶部开始弯曲，薹苞开始变白时应于晴天下午及时采收蒜薹。植株叶片开始枯黄，顶部有 2～3 片绿叶，假茎松软时应及时采收大蒜。大蒜收获时，尽量减少地膜破损，以免造成水分蒸发、地温降低，影响辣椒的正常生长，也为玉米播种创造良好的土壤墒情。

（7）辣椒育苗。“蒜—椒”间作，辣椒一般在蒜地附近就近采用阳畦或小拱棚育苗。具体育苗方法和苗期管理参见“育苗技术”和“小麦—辣椒—玉米”相关部分。

（8）辣椒定植。定植应于 10 厘米地温稳定在 15℃左右时及早进行，一般在 4 月下旬至 5 月上旬。种植方式为 6 行辣椒 +2 行玉米，带宽 430 厘米。朝天椒每穴 1 株，穴距 25 厘米，行距 60 厘米（隔 3 行大蒜种 1 行辣椒），密度每 667 平方米 7 500株左右；普通加工型辣椒每穴 1 株，株距 25 厘米，密度每 667 平方米 4 000株左右。壮苗的标准：苗高不超过 20～25 厘米，茎秆粗壮、节间短，具有 6～8 片真叶、叶片厚、叶色浓绿，幼苗根系发达、白色须根多，大部分幼苗顶端呈现花蕾，无病虫害。辣椒茎部不定根发生能力弱，不宜深栽，栽植深度以不埋没子叶为宜。栽苗时大小苗要分级，剔除病弱苗，老化苗定植方法：用特制移苗器将辣椒苗从苗床移出，运至田间，再用相同移苗器在大蒜行间按预定株距开穴，将椒苗带坨放入穴内，并覆土填实。定植后要立即浇定植水，随栽随浇。

（9）辣椒田间管理。

定植后管理：定植后点浇缓苗水。浇水后，要及时中耕松土，增加地温，保持土壤水分，促进根系生长。缓苗后，适当控制水分，促使根系深扎，达到根深叶茂。蹲苗的时间长短，要视当地气候条件而定。

定植后到结果期前的管理：此时管理的重点是发根。生产上，除增施有机肥、经常保持适宜的土壤含水量外，灌水及降水后，应及时中耕破除土壤板结。

结果初期管理：当大部分植株已坐果，开始浇水。此时植株的茎叶和花果同时生长，要保持土壤湿润状态。一般不追肥。选用朝天椒类型的品种应在盛花期过后，追施高 N、高 K、低 P 水溶性复合肥 20～30 千克，随水冲施。

盛果期管理：为防止植株早衰，要及时采收下层果实，并要勤浇小水，保持土壤湿润，每 10～15 天追施一次水溶性复合肥 10～20 千克，以利于植株继续生长和开花坐果。

徒长椒田管理：盛花后用矮丰灵、矮壮素等药喷洒，深中耕，控徒长。

植株调整：门椒现蕾时应及时去除，同时，把门椒以下的侧枝及时打掉。发现不结果的无效枝也要及时去掉。当朝天椒植株长有 14～19 片叶时，摘除朝天椒的顶芽。也可在椒苗主茎叶片达到 12～13 片时，摘去顶心，促使辣椒早结果，多结果，结果一致，成熟一致。

培土成垄：在雨季到来、植株封垄以前，应对辣椒植株进行培土。培土时要防止伤根。培土后及时浇水，促进发秧，争取在高温到来之前使植株封垄。

高温雨季管理：重点是要保持土壤湿润，浇水要勤浇、少浇。浇水宜在早晨或傍晚进行。在雨季来临之前，要疏通排水沟，使雨水及时排出。进入雨季，浇水要注意天气预报，不可在雨前 2～3 天浇水，防止浇水后遇大雨。暴晴天骤然降水，或久雨后暴晴，都容易引起植株萎蔫。因此，雨后要及时排水，增加土壤通透性，防止根系衰弱。

后期管理：9 月份以后，进入辣椒果实成熟期，可适当喷施叶面肥。喷施叶面肥的时间应选在上午田间露水已干或 16：00之后，以延长溶液在叶面的持续时间。喷洒叶面肥时从下向上喷，喷在叶背面，以利于其吸收，提高施肥效果。

（10）病虫害防治。主要病虫害的防治方法参见“小麦—辣椒—玉米”有关部分。

（11）玉米播种。玉米于 6 月中旬播种，播种于畦埂两侧，株距 15 厘米，双行玉米间距 30 厘米，辣椒行与玉米行间距 50 厘米。

（12）玉米田间管理。苗期虫害防治：玉米出苗后可用 2.5% 敌杀死 3 000 ~ 4 000倍液，于傍晚时喷洒苗行地面或配成 0.05% 的辛硫磷毒砂撒于苗行两侧，防治地老虎；用 40% 氧化乐果乳剂 1 000 ~ 1 500倍液喷洒苗心防治蚜虫、蓟马、稻飞虱；用 50% 辛硫磷 1 500 ~ 2 000倍液喷洒玉米苗防治黏虫。

穗期管理：拔除弱株，中耕除草。个别地块密度过大，有小弱株，小株，应及早拔除小弱株，确保田间密度适宜。穗期一般中耕 1 ~ 2 次。小喇叭口期应深中耕。小喇叭口期以后，中耕宜浅，以保根蓄墒。

重施穗肥，适当培土。穗期追肥应以速效氮肥为主。追肥时间为大喇叭口期（12 ~ 13 片展开叶），每 667 平方米追尿素 20 千克左右。追肥应距玉米植株一侧 8 ~ 10 厘米，条施或穴施，深施 10 厘米左右。

及时排涝或灌溉。抽雄前后，地面应见湿不见干，墒情不足，应进行灌溉。宜涝地块还应在穗期结合培土挖好地内排水沟，积水时应及时排涝。

注意防治虫害。夏玉米穗期主要虫害有玉米螟、黏虫等。玉米螟可用 3% 辛硫磷颗粒剂每 667 平方米 250 克或 *Bt* 乳剂 100 ~ 150 毫升加细砂 5 千克施于心叶内防治。二代黏虫和蓟马可用 50% 辛硫磷 1 000倍液或 80% 敌敌畏乳油 2 000倍液喷雾防治。

花粒期管理：追施粒肥，科学浇水。每 667 平方米用尿素 5 ~ 8 千克，根据天气情况，天气持续干旱时适当浇水。

防治玉米锈病，在抽雄后 667 平方米用 20% 三唑酮乳油或 12.5% 烯唑醇对棒五叶喷雾防治，效果较好。

（13）适时收获。辣椒果实作为鲜椒出售的，在 8 月底至 9 月初，成熟果达到 1/4 以上时开始采摘，以后视红果数量陆续采摘。采收时要采取整个果实全部变红的辣椒，去除病斑、虫蛀、霉烂和畸形果后出售。

出售干椒的，在霜前 7～10 天连根拔下晾晒，具体做法参见前述辣椒收获部分。

玉米达到籽粒变硬发亮，乳线消失，黑层出现时适时收获，华北地区一般在 10 月上旬。

3. 洋葱—辣椒—玉米

洋葱栽培，我国大多数地区采取秋播育苗和秋季定植，翌年 6 月中下旬收获，而辣椒露地栽培的定植期多在 5 月上旬，二者的共生期较短，一般为 30～40 天。辣椒定植时正值洋葱鳞茎膨大期，植株较高，而定植的辣椒植株较矮，形成了二层复合群体结构。等到洋葱进入鳞茎迅速膨大期时，辣椒已经进入营养生长较快的时期，这时辣椒与洋葱株高基本上在同一个层面上，因此，形成单层复合群体结构。待洋葱鳞茎膨大后，叶子开始衰老下垂，给辣椒腾出了新的发展空间使辣椒更快地生长，在短期内形成辣椒植株高于洋葱的新的二层复合群体结构。这样在辣椒与洋葱组合套种的共生期内，就形成了 3 次群体结构的变化。洋葱与辣椒套种栽培，不仅没有明显的相互制约现象，而且还有显著的生物学互助效应。洋葱的分泌物对辣椒疫病、青枯病、早期蚜虫等都具有防治作用。同时，对预防和克服辣椒连作障碍与土传性病害也有十分明显的效果。

（1）品种选择。洋葱品种选择应根据当地的消费需求和市场情况而定。黄皮洋葱品种除选用生产中常用的“泉州中高黄”等品种外，推荐选择山东省农业科学院蔬菜花卉研究所最新选育的天正福星、天正 105 洋葱新品种和青岛农业大学选育的莱农 5 号、莱农 6 号洋葱新品种；紫皮洋葱品种推荐选择天正 201、上海紫皮、北京紫皮、紫骄 1 号、紫星等品种。

加工型辣椒栽培为越夏露地栽培，应选择耐热性强、抗病性突出、产量高、品质好的中晚熟品种；同时考虑品种的加工特性，要求果实颜色鲜红、加工晒干后不褪色，有较浓的辛辣味，果肉含水量小、干物质含量高等特点。目前生产上普遍选用的普通椒品种有英潮红 4 号、金塔系列辣椒品种、德红 1 号、世纪红、金椒、干椒 3 号、干椒 6 号等，朝天椒品种有日本三樱椒、天宇系列辣椒品种等。

玉米品种选择边行效应明显，喜肥水，抗病性强的高产品种，如登海 605、登海 618 等，也可选用鲜食的优良糯玉米品种。

（2）种植方式。洋葱的高产栽培密度大，套种辣椒不大方便，必须对洋葱的群体结构进行调整，把原属于等行距种植的种植结构调整为带状套种，在 70 厘米的套种带内栽植 4 行洋葱，洋葱行距 15 厘米，预留 25 厘米作为辣椒的套种行，形成洋葱与辣椒套种的行数比为 4∶1。

“玉米＋辣椒”的套种方式同样为 4∶1，即每 4 行辣椒间作 1 行玉米，玉米株距 30 厘米，一穴双株，密度为每 667 平方米 1 600株左右。

（3）洋葱播种育苗。播种前一周将苗床整理好，定植 667 平方米的大田，约需散装种子 250 克左右，需苗床播种面积 45 平方米。按所需苗床面积 45 平方米计算，应施入腐熟的堆肥 150 千克，硝酸铵 2 千克，磷酸二铵 6 千克，硫酸钾 2.5 千克。先撒施堆肥、辛拌磷，然后均匀撒上化肥、翻耕，使其与土壤充分混合，整细整平畦面，做成 1.3 米宽的平畦。

播种期一般掌握在 9 月 10 日前后 7 天的时间内，苗龄 55 天左右。播种过早，幼苗长得过大，容易先期抽薹；过晚，幼苗长得太小，越冬易受冻害，产量较低。莱农 5 号洋葱，耐抽薹性较强，在播期试验中，抽薹率明显低于其他黄皮洋葱品种。

播种时，先将苗床浇透底水，水渗下后，将种子均匀撒于畦面，然后覆盖1厘米厚的细土。为防治杂草，播种后出苗前喷施72%普乐宝乳油每667平方米70～100毫升。为了保墒，有利于洋葱苗全苗旺，最好覆盖遮阳网，若发现土壤墒情差，可在傍晚向畦面喷水，湿润土壤，大约7～8天幼苗出土，于傍晚及时撤去覆盖物。

幼苗出土后，注意浇水，若幼苗生长势弱，叶子发黄，每45平方米苗床追施尿素0.75千克；若幼苗生长势旺，适当控制肥水，培育壮苗。苗期易遭地蛆为害，要及时防治，用50%辛硫磷800倍药液灌根；若发现蓟马、潜叶蝇为害用10%吡虫啉粉剂每667平方米10～20克或10%蚜虱净2 500倍液喷雾防治。

（4）洋葱适时定植。洋葱产量高，需肥量大，施足底肥是丰产的基础。根据洋葱的需肥量和肥料的利用率，中等肥力的地块，每667平方米施腐熟的优质牛马粪、圈肥等5 000千克，或者施腐熟的鸡粪1 500千克，三元复合肥50千克，硫酸钾20千克，辛拌磷2千克防治地下害虫，结合整地，施入土壤，使肥料与土壤充分混合，做成1.2～1.3米宽的平畦，或者做成垄距1.0～1.1米，垄高8厘米左右，垄面宽75厘米左右的小高垄。畦或垄做好后，喷除草剂普乐宝或施田补防治杂草，然后覆盖地膜。

定植前，将幼苗大小分级，茎粗0.6～0.9厘米为一级苗，0.4～0.59厘米为二级苗，1厘米以上0.4厘米以下的大苗和小苗不宜利用。定植适期为11月上旬，定植时，一、二级苗分别定植。定植密度，在70厘米的套种带内栽植4行洋葱，洋葱行距15厘米，预留25厘米作为辣椒的套种行，形成洋葱与辣椒套种的行数比为4∶1。洋葱株距15厘米，每667平方米3万株左右，这样既能保证葱头长得大，又能高产。打孔定植，定植深度1.5厘米左右，以浇水后不倒苗，不浮苗为宜，过深不利于鳞茎膨大。

（5）洋葱田间管理。定植后及时浇水，此后天气渐冷，幼苗以扎根、缓苗生长为主，此时期不宜浇水。根据土壤墒情，可于11月下旬浇一次越冬水，确保幼苗安全越冬。

翌年返青后，于3月中、下旬浇一次返青水，追尿素每667平方米10～15千克或碳铵50千克，随水冲施，促进幼苗和根系的生长。进入4月中旬到5月下旬，茎叶生长旺盛，鳞茎膨大较快，对水肥的需求量较大，应加强肥水管理。在此时期根据植株长势追施2～3次化肥，以N肥为主，配合P、K肥，分别于4月中旬追施磷酸二铵每667平方米20千克、硫酸钾15千克，5月中、下旬每667平方米追施硝酸铵10～15千克，硫酸钾10千克，进入5月份后，气温渐高，植株生长旺盛，蒸发量大，应保持地面湿润，满足洋葱生长对水分的需求，收获前7天左右停止浇水。

（6）洋葱病虫害防治。生长期间注意防治霜霉病、紫斑病。霜霉病可用58%甲霜灵可湿性粉剂500倍液或用72%杜邦可露粉剂700倍药液喷施防治。紫斑病可用25%叶斑清乳油4 000～5 000倍药液喷施防治。

虫害主要有蓟马、潜叶蝇及地下害虫地蛆。蓟马、潜叶蝇为害，可用10%蚜虱净2 500倍药液喷施防治，地蛆可用50%辛硫磷乳油800倍药液灌根。

（7）洋葱适时收获。华北地区洋葱采收一般在5月下旬至6月上旬。当洋葱叶片由下而上逐渐开始变黄，假茎变软并开始倒伏；鳞茎停止膨大，外皮革质，进入休眠阶段，标志着鳞茎已经成熟，就应及时收获。

（8）辣椒及玉米田间管理。参见“大蒜—辣椒—玉米”相关部分。

六、病虫害绿色防控技术

（一）主要虫害及防治

1. 红蜘蛛

辣椒红蜘蛛优势种为茶黄螨，属于蜱螨目、跗线螨科。又称侧多食跗线螨、茶半跗线螨、茶嫩叶螨等。主要为害辣椒、黄瓜、番茄、茄子、菜豆等多种蔬菜。

（1）形态特征。

雌成螨：长约 0.2 毫米，宽约 0.15 毫米，椭圆形，淡黄色，第 4 对足纤细，其跗节末端有 1 根鞭状刚毛。

雄成螨：长约 0.2 毫米，宽约 0.1 毫米，体末端有一锥台形尾吸盘，尾部腹面一很多刺状突起。

卵：长约 0.1 毫米，宽约 0.08 毫米，椭圆形，灰白色，背面有 6 排白色突出的刻点。

幼螨：椭圆形，乳白色，体背有一个白色纵带，足 3 对，腹末端有一对刚毛。

（2）为害特点。辣椒被害后叶背面呈油渍状，渐变黄褐色，叶缘向下弯曲，叶片呈现纵卷，幼茎变黄褐色，受害严重的植株矮小，丛枝，落花落果，形成秃尖，果柄及果尖变黄褐色，果皮粗糙变色，失去光泽，果实生长停滞变硬。

（3）发生规律。茶黄螨每年可发生几十代，生长的最适温度为 16 ~ 23℃，相对湿度为 80% ~ 90%。湿度对成螨影响不大，在40%时仍可正常生活，但卵和幼螨只能在相对湿度80%以上条件下孵化、生活，因而，温暖高湿有利于茶黄螨的生长与发育。单雌产卵量为百余粒，卵多散产于嫩叶背面和果实的凹陷处。成螨活动能力强，靠爬迁或自然力扩散蔓延。

（4）防治方法。

农业防治：寄主轮作，切断食物链，与百合科、十字花科轮作；清除田边地头杂草及田间枯枝落叶，冬前深翻土地，破坏越冬场所，消灭越冬虫源。

生物防治：常用药剂10%浏阳霉素乳油500倍液或1.8%阿维菌素乳油3 000倍液或2.5%羊金花生物碱水剂500倍液或45%硫磺胶悬剂300倍液，在零星发现时喷雾防治。

药剂防治：每隔7～10天防治1次，酌情施用2～3次，可控制为害。常用药剂73%克螨特乳油2 000倍液、5%尼索朗乳油2 000倍液或1.8%齐螨素乳油3 000倍液喷雾。

2. 地老虎

地老虎属于鳞翅目夜蛾科，主要有小地老虎、黄地老虎和大地老虎3种。主要为害辣椒、甘蓝、甜菜、油菜、瓜类以及多种蔬菜等。

（1）形态特征。以小地老虎为例。

成虫：体长16～23毫米，深褐色。前翅暗灰色，内、外横线将翅分为3段，具有显著的环形纹和肾形纹，肾形纹外有1条黑色楔形纹，其尖端与亚外线上的2个楔形纹尖端相对。在内横线外侧、环形纹的下方有五条剑状纹。后翅灰白色。

卵：半球形，乳白色至灰黑色。

老熟幼虫：体长37～47毫米，体黑褐色至黄褐色，体表布满颗粒。

蛹：赤褐色。

3种地老虎成虫易于识别，其幼虫形态近似，但最显著的特征是黄地老虎幼虫腹末臀板具有2块黄褐色大斑，而大地老虎幼虫腹末臀板除端部有2根刚毛外，几乎为一整块深褐色斑。

（2）为害特点。卵多产在土表、植物幼嫩茎叶上和枯草根际处，散产或堆产。3龄前的幼虫多在土表或植株上活动，昼夜取食叶片、心叶、嫩头、幼芽等部位，形成半透明的白斑或小孔，食量较小。3龄后分散入土，白天潜伏土中，夜间活动为害，常将作物幼苗齐地面处咬断，造成缺苗断垄。

（3）发生规律。小地老虎在北方1年发生4代。越冬代成虫盛发期在3月上旬。有显著的1代多发现象。4月中、下旬为2~3龄幼虫盛期，5月上、中旬为5~6龄幼虫盛期。以3龄以后的幼虫为害严重。

幼虫有假死性，遇惊扰则缩成环状。小地老虎无滞育现象，条件适合可连续繁殖为害。黄地老虎的生活习性与小地老虎相近，主要的区别是黄地老虎多产卵于作物的根茬和草梗上，常是串状排列。幼虫为害盛期比小地老虎迟1个月左右，管理粗放、杂草多的地块受害严重。而大地老虎1年发生1代。常与小地老虎混合发生，春季田间温度接近8~10℃时幼虫开始活动取食，田间温度达20.5℃时，老熟幼虫开始滞育越夏，秋季羽化为成虫。成虫的趋光性和趋化性因虫种而不同。小地老虎、黄地老虎对黑光灯均有趋性；对糖酒醋液的趋性以小地老虎最强；黄地老虎则喜在大葱花蕊上取食作为补充营养。

（4）防治方法。

农业防治：秋耕冬灌，杀伤越冬虫源，减少来年虫源；及时清除田内杂草，减少落卵量；辣椒可采用育苗移栽，避过地老虎产卵高峰期，减轻为害；及时进行人工捕捉。

物理防治：利用糖醋液和黑光灯诱杀成虫，利用泡桐叶诱杀幼虫。

药剂防治：用20%杀灭菊酯2 000倍液等药剂喷雾防治3龄前幼虫，或用25%亚胺硫磷乳油250倍液灌根；用90%敌百虫晶体0.5千克加水3～5千克，喷在50千克粉碎的油渣上拌匀，到傍晚时撒在辣椒苗旁10～15厘米处，每667平方米用量3～4千克；用50%辛硫磷乳油 以1∶1 000的比例拌成毒土或毒沙，每667平方米撒20～25千克，不仅能杀死1、2龄幼虫，对高龄幼虫也有一定的杀伤效果。

3. 甘蓝夜蛾

甘蓝夜蛾属于鳞翅目夜蛾科，主要为害辣椒、甘蓝、花椰菜、白菜、萝卜、莴苣、番茄、茄子、黄瓜等蔬菜。

（1）形态特征。

成虫：体长约20毫米，翅展40～50毫米。体、翅均为灰褐色。前翅基线、内横线为双线，黑色，波浪形。外横线黑色，锯齿形。亚外线浅黄白色，单条较细。缘线呈一列黑点。环状纹灰黑色具黑边，肾状纹灰白色具黑边，且外缘为白色，前缘近顶角有3个小白点。后翅淡褐色。

卵：半圆形，卵面上有放射状3序纵棱，棱间有横道。初期乳白色，逐渐卵顶出现放射状紫色纹，近孵化时紫黑色。

幼虫：共6龄，各龄体色变化较大，初孵幼虫头黑色；2龄体色变淡，只具2对腹足；3龄后，头为淡褐色，体淡绿或黄绿色，具4对腹足；5～6龄头褐色，体黑褐色，胸、腹部背面黑褐色，其上有灰黄色细点，各节背中央两侧有黑褐色短纹，呈倒“八”字形。老幼虫体长达40毫米左右。

蛹：体长约20毫米，赤褐色，腹部背面5～7节前缘有粗刻点，腹末端具1对较长的粗刺，末端膨大成球形。

（2）为害特点。以幼虫做土室化蛹越冬，翌春4月中旬开始羽化，越冬成虫主要产卵在辣椒叶背面，初孵幼虫为害取食叶肉，造成透明为害状，3龄幼虫可将叶片吃成孔洞或缺刻，4 龄后分散为害，昼夜取食。6 龄白天潜伏，夜间为害。除为害叶部外，还取食嫩茎，严重时吃光叶肉仅留叶柄。严重影响辣椒植株生长。

（3）发生规律。一年发生 6 ~ 9 代，甘蓝夜蛾发育的适宜温度为 18 ~ 25℃，相对湿度为 70% ~ 80%。若温度低于 15℃，或高于 30℃，相对湿度低于 68%，高于 85%，对其发育不利。在适宜条件下，卵期 4 ~ 5 天，幼虫期 20 ~ 30 天，蛹期 10 月，越冬蛹长达半年。7 ~ 8 月发生多，高温、干旱年份更多，常和斜纹夜蛾混发，对叶菜类威胁甚大。该虫有群聚、夜出、暴食的习性，幼虫可成群迁飞，稍受震扰便吐丝落地，有假死性。成虫昼伏夜出，有强趋光性和弱趋化性，老熟幼虫入土吐丝化蛹。3 ~ 4 龄后，白天潜于植株下部或土缝，傍晚移出取食为害。

（4）防治方法。

农业防治：结合田间管理，及时摘除卵块和带虫叶片，集中消灭。

物理防治：田间设置糖醋液、频振式杀虫灯或黑光灯诱杀。

生物防治：在幼虫 3 龄前施用细菌杀虫剂苏云金杆菌（Bt）悬浮剂均匀喷雾；或在卵期人工释放赤眼蜂。卵期可人工释放赤眼蜂，每 667 平方米 26 ~ 28 个放蜂点，每次释放 2 000 ~ 3 000头，持续 2 ~ 3 次，效果显著。

药剂防治：及早防治，在初卵幼虫时喷药防治。喷药应在傍晚进行。药剂使用 5% 卡死克 1 000倍液、5% 抑太保 1 000倍液、75% 农地乐 1 000倍液、90% 晶体敌百虫 1 000 ~ 2 000倍液或 48% 乐斯本乳油 600 ~ 800 倍液及时防治，每隔 7 天喷 1 次。

4. 沟金针虫

沟金针虫属于鞘翅目叩头虫科，别名沟叩头虫、沟叩头甲、土蚰蜒、芨芨虫、钢丝虫。主要为害辣椒、茄子、甘蓝等各种蔬菜。

（1）形态特征。

老熟幼虫：体长 20 ~ 30 毫米，细长筒形略扁，体壁坚硬而光滑，具黄色细毛，尤以两侧较密。体黄色，前头和口器暗褐色，头扁平，上唇呈三叉状突起，胸、腹部背面中央呈一条细纵沟。尾端分叉，并稍向上弯曲，各叉内侧有 1 个小齿。各体节宽大于长，从头部至第 9 腹节渐宽。

卵：近椭圆形，乳白色。

幼虫：金黄色，扁平，体节宽大于长，尾节两侧隆起，有 2 对锯齿状突起，尾端分叉并向上弯曲。

蛹：纺锤形，19 ~ 22 毫米，绿色后变褐色。

（2）为害特点。幼虫在土中取食播种下的种子、萌出的幼芽和幼苗的根部，被害处不完全咬断，断口不整齐。还能钻蛀较大的种子及块茎、块根、蛀成孔洞，致使作物枯萎致死，造成缺苗断垄，甚至全田毁种。

（3）发生规律。沟金针虫，大部地区三年完成一代。以成虫和幼虫在土中越冬。因生活历期较长，幼虫发育不整齐，有世代重叠现象。老熟幼虫 8、9 月在地下 13 ~ 20 厘米处化蛹，9 月初羽化，羽化的成虫不出土，当年进入越冬，第二年 3 月、4 月上升活动，4 月上旬盛发。雌虫行动缓慢，不能飞翔，有假死性，幼虫翌春 10 厘米土温达 6℃左右时，开始上升活动为害返青的麦苗及春播作物，3 月、4 月为害最盛。夏季温度升高向深层移动，待秋季天气凉爽后又上升为害秋播作物。一般在春雨较多，土壤湿润，对其发生有利。土壤含水量过高也不利生存。另外耕作制度的改变，冬前深翻土地和冬灌等都会影响其种群数量的变动，而减轻为害。

（4）防治方法。

农业防治：有条件地区可进行水旱轮作，杀伤虫源；播种前进行园地灌溉深耕，通过灌水使害虫卵不能孵化，幼虫致死，成虫繁殖和生活力受阻；提早深耕，土壤充分曝晒，将深土层的沟金针虫暴露于地表，采用人工捕捉，让鸟类啄食，天敌寄生，风干，可以消灭一部分金针虫；清除田间和周边杂草以及作物残留根茎，破坏害虫食料和栖息地，可降低虫量。

物理防治：利用沟金针虫的趋光性，在始发和盛发期间在田间地头设置黑灯光，诱杀成虫，减少田间卵量。

药剂防治：施用碳酸氢铵、氨化过磷酸钙、氨水等化肥作基肥，散发出的氨气，对沟金针虫等地下害虫有拒避作用；用50%辛硫磷乳油100毫升，对水2~3千克拌谷子或麦种等饵料3~4千克，堆闷2~3小时，撒于种植沟间；辣椒生长期发生虫害，可用50%辛硫磷800倍液、25%爱卡士乳油1 200倍液或48%乐斯本乳油1 000倍液灌根。

5. 棉铃虫

棉铃虫属于鳞翅目夜蛾科。主要为害辣椒、茄子、生菜、甘蓝、甜瓜等蔬菜。

（1）形态特征。

成虫：体长14~18毫米，翅展30~38毫米，灰褐色。前翅中有一环纹褐边，中央有一褐点，其外侧有一肾纹褐边，中央一深褐色肾形斑；肾纹外侧为褐色宽横带，端区各脉间有黑点。后翅黄白色或淡褐色，端区褐色或黑色。

卵：直径约0.5毫米，半球形，乳白色，具纵横网络。

老熟幼虫：体长30~42毫米，体色变化很大，由淡绿至淡红至红褐乃至黑紫色。头部黄褐色，背线、亚背线和气门上线呈深色纵线，气门白色。两根前胸侧毛连线与前胸气门下端相切或相交。体表布满小刺，其底座较大。

蛹：长17~21毫米，黄褐色。腹部第5~7节的背面和腹面有7~8排半圆形刻点，臀棘2根。

（2）为害特点。棉铃虫是茄果类蔬菜的主要害虫。以幼虫蛀食蕾、花、果为主，也为害嫩茎、叶和芽。花蕾受害时，苞叶张开，变成黄绿色，2～3 天后脱落。幼果常被吃空或引起腐烂而脱落，成果虽然只被蛀食部分果肉，但因蛀孔在蒂部，便于雨水、病菌流入引起腐烂，所以，果实大量被蛀会导致果实腐烂脱落，造成减产。

（3）发生规律。全国各地均有发生。棉铃虫属喜温喜湿性害虫。初夏气温稳定在 20℃和 5 厘米地温稳定在 23℃以上时，越冬蛹开始羽化。成虫产卵适温 23℃以上，20℃以下很少产卵。幼虫发育以 25～28℃和相对湿度 75%～90%最为适宜。

（4）防治方法

农业防治：冬前翻耕土地，浇水淹地，减少越冬虫源。根据虫情测报，在棉铃虫产卵盛期，结合整枝，摘除虫卵烧毁。

物理防治：采用黑光灯或频振式杀虫灯诱杀成虫。2～3 年生的杨树枝把对成虫有诱杀作用。

生物防治：成虫产卵高峰后 3～4 天，喷洒 Bt 乳剂、HD－1 苏云金杆菌或核型多角体病毒，使幼虫感病而死亡，连续喷 2 次，防效最佳。

药剂防治：一般在辣椒果实开始膨大时开始用药，每周 1 次，连续防治 3～4 次。可用 2.5%功夫乳油 5 000倍液、20%多灭威可湿性粉剂 2 000～2 500倍液、5%定虫隆乳油 1 500倍液或 1%甲维盐 1 500倍液。

6. 马铃薯瓢虫

马铃薯瓢虫属鞘翅目瓢虫科，主要为害辣椒、马铃薯、茄子、番茄、菜豆、黄瓜、南瓜等蔬菜。

（1）形态特征。

成虫：体长 7～8 毫米，半球形，赤褐色，体背面密生短毛，并且有白色反光。前胸背板中央有一较大的剑状纹，两侧各有两个黑色小斑（有时合并成一个）。两鞘翅各有黑斑14个，鞘翅基部3个黑斑后面的4个黑斑不在一条直线上，两鞘翅合缝处有1~2对黑斑相连。

卵：子弹头形，高约1.4毫米，初产时鲜黄色，后变黄褐色，卵块中卵粒排列较松散。

幼虫：老熟后体长9毫米，黄色，纺锤形，背面隆起，体背各节有黑色枝刺，枝刺基部有淡黑色环纹。

蛹：长6毫米，椭圆形，淡黄色，背面有稀疏细毛，并有黑色斑纹，尾端包被着幼虫末次脱下的皮壳。

（2）为害特点。成虫和幼虫都能为害，啃食叶片、嫩茎和果实。叶片受害后，残留上表皮形成不规则的透明条纹。幼虫发生量大的地块，叶片背面虫子群集，可将叶片全部吃成透明状，导致大量减产。果实被啃食的部位变硬，并有苦味，无法食用。

（3）发生规律。我国的北方，马铃薯瓢虫在北方地区每年发生2代。以成虫群集在背风向阳的石缝中、树皮下、屋檐下越冬。第二年5月中、下旬出蛰，转入田间取食为害。6月份越冬成虫大量转入田间，成虫早晚静伏，白天觅食、迁移、交配、产卵，尤以10：00~16：00最为活跃，午前多在叶背取食，下午16：00后转向叶面取食。第一代幼虫6~7月份发生为害，第二代幼虫8~9月份发生为害。成虫白天活动，有假死习性，受惊后跌落不动，同时分泌橙色臭液。成虫产卵的适宜温度是22~28℃，夏季高温能抑制其发生。

（4）防治方法。

农业防治：播种或移栽前、收获后，清除田间及四周杂草，集中烧毁，深翻地灭茬、晒土，促使植株残体分解，减少虫源和虫卵寄生地；与非本科作物轮作，水地、旱地轮作最好；施用充分腐熟的农家肥，不用未腐熟的肥料，采取测土配方技术，科学施肥，增施磷、钾肥，重施基肥、有机肥，有利于减轻虫害。

物理防治：及时进行人工摘除卵块，降低虫口密度、减轻后期防治压力；利用害虫的趋光性，晚上用杀虫灯诱杀成虫；利用成虫和幼虫的假死性，在害虫大发生时，早晚拍打植株，然后用盘子接坠落的虫子，并及时消灭；或进行药水盆捕杀，早晚成虫在叶面为害时的捕杀效果较好。

药剂防治：可喷洒2.5%敌杀死乳油3 000~4 000倍液、90%晶体敌百虫1 000倍液或50%敌敌畏乳油1 000倍液。

7. 美洲斑潜蝇

美洲斑潜蝇属于双翅目潜蝇科。主要为害辣椒、西葫芦、黄瓜、甜瓜、丝瓜、马铃薯、菜豆、白菜、甘蓝等蔬菜。

（1）形态特征。

成虫：头部黄色，复眼酱红色，外顶鬃着生在暗色区域，内顶鬃常着生在黄暗交界处。胸、腹背面大体黑色，中胸背板黑色发亮，后缘小盾片鲜黄色，体腹面黄色。长2.0~2.5毫米。

卵：椭圆形，米色，半透明，卵长0.24~0.36毫米，短径0.12~0.24毫米。

幼虫：无头蛆，共3龄。初孵幼虫米色半透明，体长0.32~0.60毫米，老熟幼虫橙黄色，体长3.0毫米左右，腹部末端有1对圆锥形后气门，在气门突末端分叉，其中2个分叉较长，各具1气孔开口。

蛹：椭圆形，腹面稍扁平，多为橙黄色，有时呈暗至金黄色，长1.48~1.96毫米，后气门3孔。

（2）为害特点。成虫、幼虫均可为害，以幼虫为主。雌成虫刺伤叶片，产卵和取食。幼虫潜入叶片、叶柄蛀食，形成不规则的蛇形白色潜道，终端明显变宽。严重受害叶片失去光合作用能力，干枯脱落，影响植物生长发育，从而造成减产，降低商品价值。

（3）发生规律。美洲斑潜蝇世代历期短，各虫态发育不整齐，世代严重重叠。夏季2～4周完成1个世代，冬季6～8周完成1个世代，平均温度27.7℃，卵期1.5～3天，25.3℃时幼虫期3～3.5天，28.3℃时蛹期7～8天，28.6℃时成虫期3.5～6天。其繁殖速率随温度和作物不同而异。成虫有飞翔能力，但较弱，对黄色趋性强。

（4）防治方法。

农业防治：清洁田园，收获后彻底清除残株落叶、深埋或烧毁，消灭虫源；深翻土壤，使土壤表层蛹不能羽化，以降低虫口基数；合理种植密度，增强田间通透性，促进植株生长，增强抗虫性。

物理防治：应用黄板诱杀，使用黄色粘板或黄粘纸诱集成虫。

生物防治：保护利用天敌，控制为害。美洲斑潜蝇的主要天敌有潜蝇姬小蜂、潜蝇茧蜂和反颚茧蜂等寄生蜂均寄生幼虫。幼虫期还有捕食性天敌，如小花蝽、蓟马和小红蚂蚁，在条件适宜和不用药或停用杀虫剂的情况下，幼虫天敌寄生率可达80%～100%。

药剂防治：药剂可选用20%康福多浓可溶剂2 000倍液、10%吡虫啉可湿性粉剂1 000倍液、48%毒死蜱乳油800～1 000倍液、2.5%功夫乳油2 000～3 000倍液、5%氟虫脲（卡死克）乳油1 000～2 000倍液，间隔4～6天1次，交替使用，连续防治4～5次。防治成虫以上午8：00施药最好，防治幼虫以1～2龄期施药最佳。

8. 蛴螬

蛴螬属于鞘翅目金龟总科，俗名白土蚕、白地蚕。主要为害辣椒、白菜、油菜、葱、韭菜、西甜瓜等多种蔬菜。

（1）形态特征。蛴螬体肥大弯曲近 C 形，体大多白色，有的黄白色。体壁较柔软，多皱。体表疏生细毛。头大而圆，多为黄褐色，或红褐色，生有左右对称的刚毛，常为分种的特征。胸足 3 对，一般后足较长。腹部 10 节，第 10 节称为臀节，其上生有刺毛，其数目和排列也是分种的重要特征。

（2）为害特点。多食性害虫，幼虫终生栖居土中，喜食刚刚播下的种子、根、块根、块茎以及幼苗等，造成缺苗断垄。

（3）发生规律。蛴螬 1～2 年 1 代，幼虫和成虫在土中越冬，成虫即金龟子，白天藏在土中，晚上 20：00～21：00 进行取食等活动。蛴螬有假死和负趋光性，并对未腐熟的粪肥有趋性。幼虫蛴螬始终在地下活动，与土壤温湿度关系密切。当 10 厘米土温达 5℃时开始上升土表，13～18℃时活动最盛，23℃以上则往深土中移动，至秋季土温下降到其活动适宜范围时，再移向土壤上层。

（4）防治方法。

农业防治：冬季深耕深耙，消灭越冬虫，减少来年虫源；未腐熟的土杂肥和秸秆中藏有大量金龟子的卵和幼虫，所以，施基肥时务必用腐熟后的土杂肥；在常年蛴螬发生严重的田间，地埂种植蓖麻，可驱避和毒杀金龟子。

物理防治：可每 50 亩田设置 1 台黑光灯诱集金龟子，也可兼诱杀其他害虫，如采用黑绿单管双光灯或黑绿双管灯效果更好。

生物防治：蛴螬的天敌有步行甲、隐翅甲、鼹鼠和鸟类等，应保护利用。可用卵孢白僵菌和乳状菌等微生物防治蛴螬。

药剂防治：用 50% 辛硫磷乳油 10 克加水 50～100 克，拌种子 0.5～1 千克，或用 40% 甲基异柳磷乳油 10 克，加水 160

克，拌种1.6千克，可有效地防治蛴螬和其他地下害虫为害；每亩用2%对硫磷或辛硫磷胶囊剂150~200克拌谷子等饵料5千克左右，或50%对硫磷或辛硫磷乳油50~100克拌饵料3~4千克，撒于种沟中，兼治蝼蛄、金针虫等地下害虫；在金龟子喜欢取食的杨树、榆树、桑树上喷洒乐果和氧化乐果等杀虫剂或在1.5米高树干上刮去粗皮涂40%氧化乐果加1倍水的溶液能有效地杀灭金龟子，减轻蛴螬的虫口密度。

9. 蚜虫

蚜虫属于同翅目蚜科。又称烟蚜、桃赤蚜、菜蚜、腻虫。主要为害茄科、十字花科、和蔷薇科等蔬菜。

(1) 形态特征。

无翅孤雌蚜：体长约2.6毫米，宽1.1毫米，体色有黄绿色，洋红色。腹管长筒形，是尾片的2.37倍，尾片黑褐色；尾片两侧各有3根长毛。

有翅孤雌蚜：绿、灰黄、暗红或红褐，头胸部黑色。

卵：椭圆形，长0.5~0.7毫米，初为橙黄色，后变成漆黑色而有光泽。

(2) 为害特点。成虫能传播马铃薯卷叶病和甜菜黄花网病等上百科植物病毒。以成、若蚜密集在叶背面吸食汁液，使植株生长缓慢或叶片卷缩，为害蔬菜的嫩茎、嫩叶、花梗等，其排泄物还可诱发煤污病。

(3) 发生规律。蚜虫有翅型和无翅型，种群能增长的温度范围为5~29℃。在16~24℃范围内，数量增长最快。温度高于28℃则对其发育和数量增长不利。温度自9.9℃上升至25℃时，平均发育期由24.5天降至8天，每天平均产蚜量由1.1头增至3.3头，但寿命由69天减至21天。

华北地区一年可发生10余代，南方一年可发生30~40代。每年可以孤雌胎生20余代，秋末发生性蚜，交配产卵

越冬。多数世代无翅，每年发生有翅蚜4次或5次。春季有翅蚜从桃树迁飞到烟草和蔬菜等植物上，夏季发生2~3次有翅蚜，在烟草和蔬菜等植物间扩散，秋末发生有翅性母、雄蚜从烟草、蔬菜等迁飞到桃树上。冬季也可以在大棚内的茄果类蔬菜上继续繁殖为害。蚜虫对银灰色的负趋性和黄色的正趋性。

（4）防治方法。

农业防治：选用抗虫、抗病毒的高产、优质辣椒品种；采用工厂化育苗；夏季辣椒田周边可少种或不种十字花科蔬菜；蔬菜收获后，及时处理残株落叶；种植后做好隔离，在辣椒地里套种玉米，以玉米作屏障阻挡有翅蚜迁入繁殖为害，可减轻和推迟病毒病的发生。

物理防治：覆盖银灰色地膜，以避蚜防病，采用黄板诱杀有翅蚜。

生物防治：在喷药时要选用对天敌杀伤力较小的农药，使田间天敌数量保持在占总蚜量的1%以上。蚜虫的天敌有瓢虫、食蚜蝇、草蛉、烟蚜茧蜂、菜蚜茧蜂、蜘蛛、寄生菌等。

药剂防治：每667平方米可用2%绿星乳油50~90毫升，1.8%阿维菌素乳油、5%阿锐克乳油、5%氯氰菊酯乳油、2.5%溴氰菊酯乳油、25%阿克泰乳油25毫升，0.5%印楝素可湿性粉剂35~50克，10%吡虫啉可湿性粉剂、50%抗蚜威可湿性粉剂35克，25%吡嗪酮可湿性粉剂16克，加水50升喷雾。可按药剂稀释用水量的0.1%加入洗衣粉或其他展着剂，以增加药效。

10. 甜菜夜蛾

甜菜夜蛾属于鳞翅目，夜蛾科。又叫玉米叶夜蛾、白菜褐夜蛾。主要为害十字花科蔬菜以及辣椒、马铃薯、黄瓜、西葫芦等30多种蔬菜。

（1）形态特征。

成虫：体长 8 ~ 10 毫米，翅展 19 ~ 25 毫米，体灰褐色。前翅中央近前缘外方有肾形斑 1 个，内方有环形斑 1 个，外缘线由一列黑色三角形斑组成。后翅白色，翅脉及缘线黑褐色。

卵：圆球形，白色，表面有放射状的隆起线，卵粒成块状，每块一般有卵 10 余粒，单层或 2 ~ 3 层重叠，上面覆有雌蛾脱落的白色绒毛。

幼虫：末龄幼虫体长约 22 ~ 27 毫米。体色变化很大，有绿色、暗绿色、黄褐色、褐色至黑褐色，腹部气门下线为明显的黄白色纵带，有时带粉红色，直达腹部末端，不弯到臀足上，各节气门后上方具一明显的白点。

蛹：体长约 12 毫米，黄褐色，中胸气门位于前胸后缘，显著外突。臀棘上有 2 根刚毛，其腹面基部亦有 2 根极短的刚毛。

（2）为害特点。初孵幼虫群集叶背，吐丝结网，取食叶肉，留下表皮，呈透明小孔，3 龄后分散为害，将叶片吃成孔洞或缺刻，严重时吃光叶片仅剩叶脉和叶柄，导致菜苗死亡，造成缺苗断垄，甚至毁种。3 龄以上幼虫还可钻蛀辣椒果实，造成落果、烂果。

（3）发生规律。华北年发生 3 ~ 4 代，长江流域 5 ~ 6 代，世代重叠。长江以北地区以蛹在土室内越冬，华南地区无明显越冬现象，可终年繁殖为害。成虫昼伏夜出，白天隐藏在杂草、土块、土缝、枯枝落叶的浓荫处，夜间活动最盛，趋光性强而趋化性弱，3 龄前群集为害，4 龄后食量大增，昼伏夜出，有假死习性，虫口密度过大时，幼虫可自相残杀。老熟幼虫入土，吐丝筑室化蛹，深度约 0.5 ~ 3 厘米。也可在植株基部隐蔽处化蛹。

甜菜夜蛾卵、幼虫、蛹的发育起点温度分别为 10.9℃ 和 12.2℃，在温度 25℃ 时，卵期、幼虫期、蛹期分别为 3 天、

18天和8.5天。各地一般7~9月是为害盛期，在7~8月，降水量少，湿度小，有利大发生。

（4）防治方法。

农业防治：秋耕或冬耕，深翻土壤，可消灭部分越冬蛹；春季3~4月清除杂草，消灭杂草上的初龄幼虫；结合田间管理，人工采卵，摘除初孵幼虫群集的叶片，集中处理。

物理防治：黑光灯诱杀成虫。在成虫发生期利用黑光灯诱杀成虫。

药剂防治：于幼虫三龄前喷洒90%晶体敌百虫1 000倍液、5%抑太保乳油3 500倍液；20%灭幼腮1号胶悬剂1 000倍液、44%速凯乳油1 500倍液、2.5%保得乳油2 000倍液、50%辛硫磷乳油1 500倍液。

11. 斜纹夜蛾

斜纹夜蛾属于鳞翅目夜蛾科。主要为害辣椒、甘蓝、萝卜、白菜、茄子等蔬菜。

（1）形态特征。

成虫：体长14~20毫米左右，翅展35~46毫米，体暗褐色，胸部背面有白色丛毛，前翅灰褐色，花纹多，内横线和外横线白色、呈波浪状、中间有明显的白色斜阔带纹。

卵：扁平的半球状，初产黄白色，后变为暗灰色，块状粘合在一起，上覆黄褐色绒毛。

幼虫：体长33~50毫米，头部黑褐色，胸部多变，从土黄色到黑绿色都有，体表散生小白点，冬节有近似三角形的半月黑斑一对。

蛹：长15~20毫米，圆筒形，红褐色，尾部有一对短刺。

（2）为害特点。它主要以幼虫为害全株。小龄时群集叶背啃食，仅留上表皮呈透明斑；3龄后分散为害叶片、嫩茎，老龄幼虫可蛀食果实；4龄以后进入暴食，咬食叶片，仅留主脉。幼虫还可钻入辣椒内为害，把内部吃空，并排泄粪便，造成污染，使之降低乃至失去商品价值。

（3）发生规律。斜纹夜蛾一年发生多代，世代重叠。以蛹在土下3～5厘米处越冬。幼虫共6龄，有假死性。2龄前群集在卵块附近取食叶肉，并有吐丝随风飘散的习性。3龄开始分散。4龄开始进入暴食期，4龄以后和成虫一样，白天躲在叶下土表处或土缝里，傍晚后爬到植株上取食叶片。成虫有强烈的趋光性和趋化性，对甜、酸物也有趋性。卵的孵化适温是24℃左右，卵期5～6天。幼虫在气温25℃时，历经14～20天，化蛹的适合土壤湿度是土壤含水量在20%左右，蛹期为11～18天。

（4）防治方法。

农业防治：消除杂草，收获后翻耕晒土或灌水，以破坏或恶化其化蛹场所，有助于减少虫源；秋翻或冬耕消灭部分越冬蛹，摘除卵块及带有群集的低龄幼虫的叶片；在清晨人工捕杀老龄幼虫。

物理防治：诱杀成虫。在成虫期，用黑光灯或糖醋钵诱杀成虫。柳枝蘸洒500倍液敌百虫诱杀蛾子。

药剂防治：1～2龄幼虫分散前为最佳施药期。可用5%卡死克乳剂1 000倍液、90%晶体敌百虫1 000倍液、47%乐斯本乳剂1 000倍液喷雾或米满胶悬剂1 500倍液，交替使用。防治2～3次，每隔7～10天1次。

12. 烟粉虱

烟粉虱属于同翅目粉虱科。主要为害辣椒、番茄、西葫芦等蔬菜。

（1）形态特征。

成虫：体长约1毫米，体及翅覆有细微的白色蜡质粉状物，体淡黄色；复眼肾脏形，黑红色，单眼2个，靠近复眼；

翅休息时呈屋脊状。翅脉简单，从上方看可见黄色腹部。

卵：椭圆形，有小柄，卵初产时淡黄绿色，孵化前颜色加深，呈琥珀色至深褐色，但不变黑。

若虫：共5龄，淡黄至灰黄色。1龄若虫末端有2对明显的刚毛；2龄以后若虫固定在叶片背面取食不动。

拟蛹：淡绿至黄色，体缘自然倾斜，无蜡丝，被寄生后成为黄褐色至深褐色。

（2）为害特点。以幼虫蛀食蕾、花、果，也食嫩茎、叶和芽。如不防治，蛀果率达30%，高的可达80%。烟粉虱排出大量蜜露，可招致灰尘污染叶面和霉菌寄生；作为传播病毒媒介，引起寄主植物的病毒病发生。

（3）发生规律。烟粉虱具有特强单性繁殖力，世代重叠、虫态历期短、少量虫口就能在短期恢复虫口密度，对作物造成为害。适宜发生的环境条件是20～30℃，相对湿度40%～80%。

（4）防治方法。

农业防治：培育无虫苗，育苗前先彻底消毒；注意合理安排茬口、合理布局，有条件的可与芹菜、韭菜、蒜、蒜黄等间套种，以防粉虱传播蔓延。

物理防治：挂设黄板诱捕，每667平方米挂30～40片。

生物防治：利用烟粉虱天敌包括寄生性天敌和捕食性天敌，如蚜蜂属、浆角牙属小蜂属昆虫等。

药剂防治：早期用药在粉虱零星发生时开始喷洒20%扑虱灵可湿性粉剂1 500倍液、2.5%功夫菊酯乳油2 000～3 000倍液、10%吡虫啉可湿性粉剂1 500倍液、1.8%阿维菌素乳油1 500倍液，隔10天左右1次，连续防治2～3次。

13. 烟青虫

烟青虫属于鳞翅目夜蛾科。别名烟夜蛾。主要为害辣椒、豌豆、甘蓝、南瓜、茄子、番茄等蔬菜。

（1）形态特征。

成虫：体长约15毫米，翅长27~35毫米，体色较黄，腹部黄褐色，腹面一般无黑色鳞片。前翅长度短于体长，翅上肾状纹、环状纹和各条横线较清晰。

幼虫：体色变化大，有绿色、灰褐色、绿褐色等多种。

老熟幼虫：绿褐色，体长40~50毫米，体表较光滑，体背有白色点线，各节有瘤状突起，上生黑色短毛。

蛹：赤褐色，长17~20毫米。纺锤形，腹部末端的一对钩刺基部靠近。

（2）为害特点。辣椒烟青虫以幼虫蛀食花蕾、果实，也食害茎、叶和芽。为害辣椒时，整个幼虫钻入果内，啃食果皮、胎座，排留大量粪便，使果实不能食用。果实被蛀引起腐烂而大量落果，是造成减产的主要原因，严重时蛀果率达30%以上。

（3）发生规律。在辣椒上，卵多散产于嫩梢叶正面，少数产于叶反面，也可产于花蕾、果柄、枝条、叶柄等处。晚上产卵有两个高峰期：8：00~9：00和11：00~12：00。卵孵化也有两个高峰期，下午17：00~19：00和早晨6：00~9：00。初孵幼虫先将卵壳取食后，再蛀食花蕾或辣椒嫩叶，3龄幼虫开始蛀食辣椒果实，幼虫有转果为害的习性。

（4）防治方法。

农业防治：在附近栽种诱集带，以诱集越冬代成虫集中产卵，便于消灭；及时摘除被蛀食的果实，以免幼虫转果为害；冬季翻耕灭蛹；减少来年的虫口基数。

生物防治：有报道称0.3%苦参碱水剂和苏云金杆菌对烟青虫有较好的防效。

药剂防治：喷药应在幼虫3龄之前进行，否则防效降低。可用90%晶体敌百虫800倍液、25%氟氰菊酯4 000倍液、

2.5%敌杀死4 000～6 000倍液喷雾。

14. 蝼蛄

蝼蛄属于直翅目蝼蛄科。杂食性，为害各种蔬菜。

（1）形态特征。

华北蝼蛄：个体较大，体色较浅，胖头大腚。成虫体长约为35～55毫米，黄褐或浅黑褐色，有一个强壮发达的前胸背板和一对有力的开掘式前足。其形态构成与非洲蝼蛄的主要区别是，在后足胫节背侧内缘有一个棘刺。卵呈椭圆形，由初产的淡黄色变为孵化前的暗褐色。若虫体较大、色较浅，有13龄。

非洲蝼蛄：个体较小，体色较深，比较瘦小而健壮。成虫体长约30～35毫米，灰褐色，后足胫节背面内侧有3～4个棘刺。卵较华北蝼蛄瘦长一些，孵化前可由乳白变为暗紫色，若虫与华北蝼蛄的主要区别是只有6龄。

（2）为害特点。主要吃萌动的种子、嫩根、茎，钻行于地表的土壤中，蝼蛄咬断处往往呈丝麻状，造成植株死亡；有蝼蛄活动时，常可在地面见到穿成的隧道。

（3）发生规律。华北蝼蛄约3年完成一代，非洲蝼蛄是1～2年完成一代；华北蝼蛄的卵期是15～25天。非洲蝼蛄的卵期是10～20天。有明显的趋光性、趋化性、趋粪性和喜湿性。有香、甜味的地方，未发酵好的粪堆、粪坑，土壤含水量为20%左右时，蝼蛄活跃。华北蝼蛄在孵化后20天之内，非洲蝼蛄在孵化后5天之内有群集的习性；当耕作层土温在15～20℃时，蝼蛄活动最活跃。当平均气温7℃左右、20厘米处地温5.4℃左右时，地面出现拱的隧道，当平均月气温和20厘米土温16～20℃时，是猖獗为害时期。

（4）防治方法。

农业防治：秋后收获末期前后，进行大水灌地，并适时进行深耕翻地。把害虫翻上地表冻死；夏收以后进行耕地，可破坏蝼蛄产卵场所；厩肥要腐熟后施用，以减少虫卵。

物理防治：在田边、地头设置灯光诱虫，结合在灯下放置有香甜味的、加农药的水缸或水盆进行诱杀。

药剂防治：在虫体活动期，结合追肥施入一定量的碳酸氢铵，放出的氨气可驱使蝼蛄向地表迁动。施入石灰也有类似的作用。用炒香的麦麸、豆饼、棉籽饼 25 千克加 90% 敌百虫 0.5 千克，加水 5 ~ 6 千克，拌均匀后傍晚撒于地表，引诱蝼蛄食后中毒而死。

15. 瘤缘蝽

瘤缘蝽属于半翅目缘蝽科。为害辣椒、马铃薯、番茄、茄子、蚕豆等蔬菜。

(1) 形态特征。

成虫：长 10.5 ~ 13.5 毫米，宽 4 ~ 5.1 毫米，褐色。触角具粗硬毛。前胸背板具显著的瘤突；侧接缘各节的基部棕黄色，膜片基部黑色，胫节近基端有一浅色环斑；后足股节膨大，内缘具小齿或短刺；喙达中足基节。

初孵若虫：头、胸、足与触角粉红色，后变褐色，腹部青黄色；低龄若虫头、胸、腹及胸足腿节乳白色，复眼红褐色，腹部背面有 2 个近圆形的褐色斑。

高龄若虫：与成虫相似，胸腹部背面呈黑褐色，有白色绒毛，翅芽黑褐色，前胸背板及各足腿节有许多刺突，复眼红褐色，触角 4 节，第 3 ~ 4 腹节间及第 4 ~ 5 腹节间背面各有一近圆形斑。

卵：初产时金黄色，后呈红褐色，底部平坦、长椭圆形，背部呈弓形隆起，卵壳表面光亮，细纹极不明显。

(2) 为害特点。瘤缘蝽以成虫、若虫群集或分散于辣椒等寄主作物的地上绿色部分，包括茎秆、嫩梢、叶柄、叶片、花梗、果实上刺吸为害，但以嫩梢、嫩叶与花梗等部位受害较重。果实受害局部变褐、畸形；叶片卷曲、缩小、失绿；刺吸部位有变色斑点，严重时造成落花落叶，整株出现秃头现象，甚至整株、成片枯死。

（3）发生规律。成虫在菜地周围土缝、砖缝、石块下及枯枝落叶中越冬。越冬成虫于4月上中旬开始活动，全年6～10月为害最烈。卵多聚集产于辣椒等寄主作物叶背，少数产于叶面或叶柄上，卵粒成行，稀疏排列，每块4～50粒，一般15～30粒。成、若虫常群集于辣椒等寄主作物嫩茎、叶柄、花梗上，整天均可吸食，发生严重时一棵辣椒上有几百头甚至上千头聚集为害。有假死习性。

（4）防治方法。

农业防治：通过合理施肥、合理种植密度、合理轮作、铲除菜地周围的杂草，冬季深翻等农业措施，创造不利于瘤缘蝽栖息的环境条件，减少为害。

物理防治：采用人工捕捉，捏死高龄若虫或抹除低龄若虫及卵块。利用假死习性，在辣椒等寄主作物植株蔸下放一块塑料薄膜或盛水的脸盆，摇动辣椒等寄主作物，成、若虫会迅速落下，然后集中杀死。

化学防治：在瘤缘蝽若虫孵化盛期进行施药，可用10%吡虫啉可湿性粉剂800倍液、5%抑太保乳油1 500倍液、1.8%阿维菌素乳油1 500倍液喷雾，间隔10天左右视虫情进行第二次施药，提倡农药轮用。

（二）主要病害及防治

1. 病毒病

病毒病病原10多种，我国已发现7种。包括CMV（黄瓜花叶病毒）、TMV（烟草花叶病毒）、PVY（马铃薯 Y 病毒 ）、PVX（马铃薯 X 病毒）、BBWV（蚕豆萎蔫病毒）、TEV（烟草蚀纹病毒）、AMV（苜蓿花叶病毒）。主要为害辣椒和甜椒。

（1）症状识别。在田间主要表现出 4 种症状，即花叶、黄化、坏死和畸形。花叶型，可区分为轻花叶型和重花叶型。轻花叶型表现为在叶片上出现黄绿相间或叶色深浅相间的花叶症状，叶色褪绿，幼叶明脉；重花叶型表现为在叶片上出现黄绿相间或叶色深浅相间的花叶症状，叶面皱缩，叶片细长呈线状，植株矮化，果实表面黄绿相间，略小；黄化型，表现为病株叶面明显呈黄色，叶片枯死造成脱落；坏死型，植株病部部分组织变褐坏死，表现为发病叶面出现坏死条斑，病茎部出现坏死条斑或环斑。发病严重时，引起落果，甚至造成植株枯死；畸形型，在叶片上表现为新生叶片明脉，叶色深浅相间，后叶片细长呈线状，增厚。植株明显矮化，分枝增多，产生丛枝，发生严重时使植株变形。同一植株可能出现多种症状并发，造成植株落叶、落花、落果，甚至使植株枯死。

（2）传播途径。主要由蚜虫传播，其他方式有种子带毒，土壤带毒、水源带毒、病残体带毒以及农事操作传毒等。病毒的侵染必须要有植物伤口的存在，还要有传毒媒介来进行传播，但是一旦被其侵染之后，病毒就能在植株中大量复制。

（3）发病规律。高温干旱天气，不仅可促进蚜虫传毒，还会降低辣椒的抗病能力。田间农事操作粗放，病株、健株混合管理，阳光强烈，病毒病发生随之严重。春季露地辣椒定植晚，与茄科作物连作，地势低洼及辣椒缺水、缺肥，植株生长不良时，病害容易流行。

（4）防治方法。

农业防治：选用抗病品种；实行轮作，提倡与非茄科蔬菜进行 2 ~ 3 年轮作；收获后及时清除残体，带出田外深埋或烧毁，深翻土壤，加速病残体的腐烂分解；适时播种，合理密植，配方施肥，清理杂草；农事操作中，接触过病株的手和农具，应用肥皂水冲洗。

物理防治：采用张挂银灰色膜条驱蚜，或覆盖银灰色地膜。

药剂防治：种子消毒和苗床消毒。采用1%的高锰酸钾溶液浸种30分钟，或用10%磷酸三钠溶液浸种20分钟，然后用清水冲洗干净，再催芽或直接播种。床土消毒可用福尔马林（40%的甲醛）加水配成100倍液喷洒床土，1千克福尔马林可处理5 000千克床土，喷后用薄膜密闭7天；在蚜虫发生初期，用20%吡虫啉浓可溶剂6 000～8 000倍液或高效氯氰菊酯6 000倍液喷雾；发病前或发病初期，用菌毒杀星（高浓度）3 000倍液、20%病毒克星400倍液、20%病毒A可湿性粉剂700～1 000倍液喷施预防，每隔7～10天喷1次，连喷2～3次。

2. 白粉病

白粉病病原为辣椒拟粉孢（*Oidiopsis sicula* Scalia），属半知菌亚门真菌。侵染辣椒、番茄、茄子、秋葵和黄瓜等蔬菜。

（1）症状识别。辣椒白粉病主要为害叶片。老叶、嫩叶、茎和果实均可染病。叶片发病后，病叶正面初生褪绿小黄点，后扩展为边缘不明显的褪绿黄色斑驳。叶片背面密生白色粉状霉层，严重时病斑密布，终致全叶变黄，容易脱落，全株仅剩下数片嫩叶。病害严重时，白粉迅速增加，覆满整个叶部，病叶产生离层，大量脱落。叶柄、茎和果实染病也产生白粉状霉斑。

（2）传播途径。田间发病后，菌丝在叶肉组织内蔓延，分生孢子梗从叶背气孔伸出，在其顶端长分生孢子，在干燥条件下易于飘散，病部产生分生孢子可通过气流传播。

（3）发病规律 。病菌从孢子萌发到侵入约20多个小时，因此病害发展很快，可短期内大流行。在10～30℃温度下病菌均可以活动，相对湿度较低，久旱无雨，棚内浇水不及时均利于病害发生。

（4）防治方法。

农业防治：选用抗病品种；选择地势较高、通风、排水良好地块种植；增施磷、钾肥，生长期避免氮肥过多；田间发现病株及病叶应及早清除，集中深埋或烧毁，收获后及时清除植株残体；与其他蔬菜实行1～2年轮作，并深耕晒垡；加强栽培管理，合理密植，单株定植，高垄栽培，适量灌水。

药剂防治：种子消毒，用55℃温水浸种15分钟，或用0.1%～0.15%的高锰酸钾溶液浸泡种子15～20分钟；苗床消毒与培育壮苗。选3年没种过辣椒的壤土作床土，并按每平方米床土用50%多菌灵或70%甲基托布津8～10克处理，苗床期注意通风，培育无病壮苗；发病初期，可用70%甲基托布津可湿性粉剂1 000倍液、15%粉锈宁1 000倍液、40%百菌清悬乳剂800～1 000倍液，还有2%武夷菌素水剂150倍液、40%多硫悬乳剂400～500倍液进行喷雾防治。

3. 猝倒病

猝倒病异名绵腐病，俗称歪脖子、小脚瘟。病原为瓜果腐霉菌［*Pythium aphanidermatum*（Eds.）Fitzp.］，属鞭毛菌亚门真菌。可侵染辣椒、番茄、茄子、瓜类、白菜和洋葱等蔬菜。

（1）症状识别。辣椒猝倒病多发生在育苗床或育苗盘上，幼苗出土前发病，造成烂种、烂芽。幼苗出土后、真叶未展开前侵染，幼茎基部呈水渍状暗斑，迅速绕茎扩展，缢缩成线状，幼苗子叶尚未凋萎，仍为绿色时幼苗就迅速倒伏，即猝倒。最初零星发病，接着迅速向四周扩展，后期引起成片倒苗。在苗床低温高湿的情况下，病苗或其附近土壤表面上常出现白色棉絮状菌丝，区别于立枯病。

（2）传播途径。病原菌以卵孢子的形式在土壤中越冬和度过不良环境，或以菌丝体的形式在病残组织中或腐殖质上过腐生生活，次春遇适宜条件即可萌发产生孢子囊，并释放出游动孢子或直接产生芽管侵入寄主，当侵染幼苗时，造成幼苗发病猝倒。病原菌借雨水和灌溉水进行传播，施用带菌肥料，移栽等农事活动也能传播病原菌。

（3）发病规律。猝倒病多在幼苗长出 1～2 片真叶前发生，3 片真叶后发病较少。土壤含水量大、空气潮湿、土壤温度在 10℃左右，适宜病菌生长，发病重。苗期管理不当易发病，如播种过密、间苗不及时、大水漫灌、保温放风不当、秧苗徒长、受冻等。地势低洼、排水不良、长期使用老苗床和黏重土壤及施用未腐熟堆肥，也容易发病。

（4）防治措施。

农业防治：选用早熟或耐低温品种；可用 0.2% 高锰酸钾或氢氧化钠浸种 20～30 分钟，或 10% 磷酸三钠浸种 20 分钟，然后用清水搓洗干净，再放入清水浸 6～12 小时，浸种过程中要淘洗种子 1～2 次，取出后直播或洗净后催芽；采用穴盘育苗、无土育苗或无病土育苗。选用基质或土壤充分消毒，选用底肥、粪肥要充分腐熟；播种密度不易过大，做好保温工作，防止出现 10℃以下的低温和高湿环境；控制苗床湿度，晴天补水，及时拔除病苗以防病菌蔓延。

药剂防治：苗期喷施 0.2% 磷酸二氢钾液、0.1% 氯化钙液提高幼苗抗病力；发病初期喷 75% 百菌清可湿性粉剂 400 倍液或甲基托布津可湿性粉剂 800～1 000倍液或 64% 杀毒矾 400～500 倍液。隔 7～10 天喷一次，视病情程度防治2～3 次。

4. 根腐病

根腐病病原为腐皮镰孢霉菌［*Fusarium solani*（Mart.）

App. et Wollenw]，属半知菌亚门真菌。为害辣椒等茄果类和其他蔬菜。

（1）症状识别。根腐病多发于定植后，主要为害辣椒茎基部及维管束，病部初呈水浸状，后变浅褐色至深褐色。病部缢缩不明显或稍缢缩，病部腐烂处的维管束变褐，但不向上部发展，有别于枯萎病。病株部分枝和叶片变黄萎蔫，茎内维管束褐变，湿度大或生育后期茎基部或根茎部腐烂，有时可见粉红色菌丝及点状黏质物，后期病部多呈糟朽状，仅留丛状维管束或皮层易剥离露出褐色的木质部。此外，木贼镰刀菌等侵染幼苗的根茎部时，也可引起种子腐烂或幼苗猝倒；病原菌侵染后种子发芽率下降40%～62%，或形成不正常幼苗。

（2）传播途径。病菌以厚垣孢子、菌核或菌丝体在病残体、土壤、粪肥中越冬，成为翌年主要初侵染源，病菌腐生性很强，在土壤中可存活10年以上，病菌主要靠病土移动，或借带菌粪肥、雨水及流水、农具等传播。病菌由根部、茎基部伤口侵入，在皮层细胞为害，然后进入维管束组织。发病后，病部产生分生孢子，再由雨水及灌溉水传播蔓延，进行再侵染。

（3）发病规律。辣椒的感病生育期在成株期，根腐病在温度10～25℃时最适合发病，湿度在80%以上传播迅速。地势低洼、排水不良、田间积水、阴湿多雨、施肥不足，连作地块以及植株根部受伤的田块发病严重。

（4）防治方法。

农业防治：可用55℃温水浸种15分钟后，室温浸种，然后催芽播种。或种子进行浸种包衣处理，杜绝初侵染，并适期播种；实行与豆科、禾本科作物进行3～5年轮作；精细整地，高垄栽培。悉心培育壮苗，在移植时尽量不伤根，浇水不沤根，施足基肥；定植后适时适量浇水，减少地上水分蒸发、苗体水分蒸腾，隔绝病原菌感染；分别在花蕾期、幼果期、果实膨大期喷施辣椒叶面肥，增强植株抗病能力。

生物防治：对根腐病防治效果较好的生物制剂有荧光假单胞菌 M18 产生的甲嗪霉素（农乐霉素），链霉菌 M－1 菌剂。

药剂防治：发病初期喷洒或浇灌 36% 甲基硫菌灵悬浮剂 600 倍液、50% 苯菌灵可湿性粉剂 1 500倍液、50% 多菌灵可湿性粉剂 800 倍液、40% 混杀硫胶悬剂 500 倍液。

5. 黑霉病

黑霉病病原为匍柄霉（*Stemphylium botryosum* Wallroth），属半知菌亚门真菌。此外，有报道称辣椒格孢菌（*Macrosporium commune* Rabh.）也可引起黑霉病。可侵染辣椒、芦笋、洋葱、大蒜、紫苜蓿、番茄等。

（1）症状识别。辣椒黑霉病主要为害果实。一般先从果顶开始发病，也有从果面开始的，初病部色变浅，无光泽，果面逐渐收缩，并生有茂密的黑绿色或黑色绒状霉。

（2）传播途径。病菌随病残体在土壤中越冬，翌年产生分生孢子进行再侵染，病菌腐生性强，借空气、土壤传播。

（3）发病规律。病菌喜高温高湿条件，多在果实即将成熟或成熟时发病。连阴雨天、植株长势弱、田间管理粗放容易发病，湿度高时叶片也会发病。

（4）防治方法。

药剂防治：结合防治炭疽病喷洒 50% 琥胶肥酸铜可湿性粉剂 500 倍液、14% 络氨铜水剂 300 倍液进行兼治。病情严重时，也可单独喷洒 75% 百菌清可湿性粉剂 600 倍液、58% 甲霜灵锰锌可湿性粉剂 500 倍液、50% 腐霉利可湿性粉剂 1 000倍液或利得可湿性粉剂 800 倍液。每 7 天喷药 1 次，连续防治 2～3 次。

6. 灰霉病

灰霉病病原为灰葡萄孢（*Botrytis cinerea* Pers. ex Fr），属

半知菌亚门真菌。可侵染辣椒、葡萄、番茄、黄瓜、草莓、莴苣、韭菜等。

(1) 症状识别。苗期为害叶、茎、顶芽，发病初子叶先端变黄，后扩展到幼茎，缢缩变细，常自病部折倒而死。成株期为害叶、花、果实。叶片受害多从叶尖开始，初成淡黄褐色病斑，逐渐向上扩展成“V”形病斑。茎部发病产生水渍状病斑，病部以上枯死。花器受害，花瓣萎蔫。果实被害，多从幼果与花瓣粘连处开始，呈水渍状病斑，扩展后引起全果褐斑。病健交界明显，病部有灰褐色霉层。

(2) 传播途径。病菌以菌核遗留在土壤中，或以菌丝、分生孢子在病残体上越冬，在田间借助气流、雨水及农事操作传播蔓延。

(3) 发病规律。病菌较喜低温、高湿、弱光条件。低温，多阴雨天气，相对湿度90%以上，灰霉病发生早且病情严重。排水不良、偏施氮肥田块易发病。

(4) 防治方法。

农业防治：及时摘除病果、病叶和侧枝，集中烧毁或深埋；重施腐熟的优质有机肥，增施磷钾肥，提高植株抗病能力；适当控制浇水，禁止大水漫灌，雨后及时排除积水；采用起垄栽培等。

药剂防治：可喷洒50%益得可湿性粉剂500倍液、50%腐霉利可湿性粉剂1 500倍液、60%灰霉克可湿性粉剂500倍液、60%多菌灵超微粉600倍液、40%灰霉菌核净悬浮剂1 200倍液或50%甲基托布津可湿性粉剂1 000倍液，每隔7～10天喷1次，视病情连续防治2～3次。

7. 菌核病

菌核病病原为核盘菌［*Sclerotinia sclerotiorum*（Lib.）de Bery］，属子囊菌亚门真菌。可侵染辣椒、黄瓜、番茄、莴苣、

菠菜、洋葱等蔬菜。

(1) 症状识别。苗期染病茎基部初水浸状浅褐色斑，后变棕褐色，迅速绕茎一周，高湿环境下长出白色棉絮状菌丝或软腐，干燥后呈灰白色，病苗呈立枯状死亡。成株染病，基部茎或分枝处易发病，呈水浸状淡褐色病斑，病部往往有褐色斑纹，病斑绕茎一周后引起上面的枝干枯死，湿度大时病部表面生有白色棉絮状菌丝体，后茎部皮层霉烂，病茎表面或髓部形成黑色菌核。菌核鼠粪状。干燥时植株表皮破裂，纤维束外露似麻状。花、叶、果柄染病亦呈水浸状软腐，引起叶片脱落。果实发病时果面先变褐色，呈水浸状腐烂，逐渐向全果扩展，有的先从脐部开始向果蒂扩展至整果腐烂，表面长出白色菌丝体，发病后期，其上结成黑色不规则形菌核。

(2) 传播途径。病菌主要以菌核遗落在土壤中或混杂在种子中越夏或越冬，第二年温、湿度适宜时，菌核萌发产生子囊盘和子囊孢子，子囊孢子借气流传播到植株上进行初侵染，病菌由伤口侵入或直接侵入。田间的再侵染，主要通过病、健株或病、健花果的接触，也可通过田间染病杂草与健株接触传染。

(3) 发病规律。该病菌发育适温 20℃，最高不能超过 30℃，孢子萌发适温 5 ~ 10℃，最高 35℃，最低 5℃。菌丝喜潮湿，相对湿度高于 85% 时发育好，湿度低于 70%，病菌发育明显受到抑制。菌核在干燥土壤中存活 3 年以上，在潮湿土壤中则只存活 1 年。日暖夜冷，易发病；多雨或雾重、湿度大、栽培过密、植株长势差发病重；早春和晚秋多雨，易引起病害流行。

(4) 防治方法。

农业防治：与禾本科作物轮作 3 ~ 5 年；及时深翻，覆盖地膜，防止菌核萌发出土，对已出土的子囊盘要及时铲除，严防蔓延；合理施肥，提高植株抗病力；发现病株及时拔除或剪去病枝。

药剂防治：用种子重量0.4% ~0.5%的50%多菌灵可湿性粉剂拌种后播种；每平方米苗床土用25%多菌灵可湿性粉剂或40%五氯硝基苯10克拌细干土1千克，撒在土表，耙入土中后播种；发病后喷洒杀菌剂，70%甲基托布津可湿性粉剂1 000 ~2 000倍液、50%速克灵可湿性粉剂2 000倍液或40%菌核净可湿性粉剂1 000 ~1 500倍液。每隔10天喷药1次，共2 ~3次。

8. 枯萎病

枯萎病病原为辣椒镰孢霉［*Fusarium oxysporum* Schlecht. f. sp. *vasinfectum* Snyd. Et. Hans.］，属半知菌亚门的真菌，可侵染辣椒、甜椒。也有报道称尖孢镰刀菌辣椒专化型 *Fusarium oxysporum* f. sp. *capcicum* 侵染辣椒，只为害辣椒。

（1）症状识别。一般多在辣椒开花结果期陆续发病。病株叶片自下而上逐渐变黄，大量脱落。茎基部及根部皮层呈水渍状腐烂，皮层极易剥落，从茎基部纵剖，可见根茎维管束变褐，地上部茎叶迅速凋萎，终至全株枯萎。在湿度大的条件下，病部常产生白色或蓝绿色的霉状物。通常病程进展缓慢，从发病至枯萎历时十数天至20天以上，据此及其病征有别于辣椒细菌性青枯病。

（2）传播途径。主要以菌丝体和厚垣孢子随病残体在土中越冬，或进行较长时间的腐生生活。在田间主要通过灌溉水传播，也可随病土借风吹往远处。遇适宜发病条件即从辣椒的须根、根毛或伤口侵入，在寄主根茎维管束繁殖、蔓延，并产生有毒物质随输导组织扩散，毒化寄主细胞，或堵塞导管，致叶片发黄。

（3）发病规律。病菌发育适温为27 ~28℃，地温28℃时最适于发病，地温21℃以下或33℃以上病情扩展缓慢。土壤偏酸、连作、移栽或中耕伤根多、植株生长不良等，有利于发病。在适宜条件下，发病后 15 天即有死株出现，潮湿或水渍田易发病，特别是雨后积水，发病更重。

（4）防治方法。

农业防治：选用抗病品种，提倡水旱轮作；选择排水良好的壤土或沙壤土地块栽培；实行高窄畦垄、深沟栽培；避免大水漫灌或浇灌过深、时间过长，雨后及时排水。

生物防治：据研究，用哈茨木霉菌剂与米糠按 1∶12.5 混合后在苗期定植时蘸根，每 667 平方米用 1 千克，可有效防治辣椒枯萎病。另有研究表明，混合使用荧光假单胞 CECT5398、枯草芽孢杆菌、解淀粉芽孢杆菌与脱乙酰壳多糖能够较好地防治辣椒枯萎病。

药剂防治：苗期或定植前喷施 50% 多菌灵可湿性粉剂或 70% 甲基托布津可湿性粉剂 600～700 倍液；发病初期用 50% 琥胶肥酸铜可湿性粉剂 600 倍液、50% 多菌灵可湿性粉剂 500 倍液、70% 甲基托布津可湿性粉剂 600 倍液或 14% 络氨铜水剂 300 倍液灌根，每株灌药 0.4～0.5 升，隔 5 天灌 1 次，连灌 2～3 次。田间喷洒 50% 多菌灵可湿性粉剂 500 倍液或 40% 多·硫悬乳剂 600 倍液等药剂。

9. 绵腐病

绵腐病病原为瓜果腐霉菌［*Pythium aphanidermatum*（Eds.）Fitzp.］，属鞭毛菌亚门真菌。可侵染辣椒、番茄、黄瓜、西葫芦、冬瓜、甘蓝、洋葱、莴苣等多种蔬菜。

（1）症状识别。苗期发病，引起幼茎基部缢缩，幼苗倒地而死。成株期主要为害果实，引起果腐，发病初期产生水浸状斑点，随病情发展迅速扩展成褐色水浸状大型病斑，重时病部可延及半个甚至整个果实，呈湿腐状，潮湿时病部长出白色絮状霉层。最后病果多落地腐烂。

（2）传播途径。病菌以卵孢子在土中越冬或渡过不利的环境条件，条件适宜时萌发产生游动孢子，长出芽管直接侵入寄主；也可以菌丝体在土中营腐生生活，翌年产生孢子囊，释放出游动孢子侵害瓜苗，进行初侵染，引致猝倒病。再侵染由病部产生的孢子囊和游动孢子，借助雨水溅射至植株瓜果上，引起绵腐病，并不断地重复侵染。秋后病菌在病组织内形成卵孢子越冬。

（3）发病规律。病菌最适宜的温度为 26～28℃，要求 90%以上相对湿度，夏季遇雨水多或连续阴雨天气，雨后积水，湿气滞留，病害就易发生和发展。

（4）防治方法。

农业防治：前茬收获后及时清洁田园，耕翻土地；采用菜粮或菜豆轮作；采用高畦栽培，防止浇水或雨后地面积水；培育适龄壮苗，适度蹲苗，按配方施肥，提高抗病力；定植密度要适宜，地面覆地膜，及时、适度摘除植株下部老叶，改善株间通风透光条件；果实成熟及时采收，发现病果及时摘除，深埋或烧毁。

药剂防治：把种子经 52℃温水浸种 30 分钟或清水预浸 10～12 小时后，用 1%硫酸铜液浸种 5 分钟，捞出后拌少量草木灰；也可用 72.2%霜霉威水剂或 0.1%的 20%甲基立枯磷乳油浸种 12 小时，洗净后晾干催芽；田间发病初期，可用 40%乙膦铝可湿性粉剂 250 倍液、15%恶霉灵可湿性粉剂 400 倍液、30%绿得保悬浮剂 500 倍液，或 72.2%普力克可湿性粉剂 400 倍液喷雾防治。

10. 霜霉病

霜霉病病原为辣椒霜霉（*Peronospora capsici* Taoet Li sp. nov.），属鞭毛菌亚门真菌。

（1）症状识别。辣椒霜霉病主要为害叶片、叶柄及嫩茎。

叶片染病，初现浅绿色不规则形病斑，叶背有稀疏的白色薄霉层，病叶变脆较厚，稍向上卷，后期叶易脱落。叶柄、嫩茎染病，呈褐色水渍状，病部也现白色稀疏的霉层。该病田间症状与白粉病近似，必要时需镜检病原鉴别。

（2）传播途径。病菌以卵孢子越冬。翌年条件适宜时产生游动孢子，该病菌潜入期较短，在条件适宜时只需 3～5 天产生游动孢子，借风雨传播蔓延，在生长季节可进行反复再侵染，导致该病流行。

（3）发病规律。病原菌适宜温度 20～24℃，相对湿度在 85%以上发病重。阴雨天气多，或灌水过多或排水不及时，田间发病均重。

（4）防治方法。

农业防治：选用抗、耐病品种，从无病地留种；实行 2 年以上的轮作；清洁田园，病残体集中烧毁，及时耕翻土地；按配方施肥，合理密植；铺设光解地膜，晴天浇水，提高地温，降低湿度。生长期小水勤浇，忌大水漫灌。

药剂防治：发病初期开始喷洒 72%克霜氰可湿性粉剂 800 倍液、72%克露可湿性粉剂 800 倍液、乙膦铝可湿性粉剂 500 倍液或 50%锰锌·氟吗啉可湿性粉剂 2 000倍液防治 1～2 次。

11. 炭疽病

炭疽病病原为辣椒刺盘孢［*Colletotrichum capsici*（Syd.）Butl.］和果腐刺盘孢［*C. coccodes*（Wallr.）Hughes.］，属于半知菌亚门的真菌。侵染茄子、辣椒。

（1）症状识别。发病初期叶片上出现水浸状褪绿斑点，渐渐变成圆形病斑，中央灰白色，长有轮纹状黑色小点，边缘褐色。生长后期为害果实，成熟果受害较重，病斑长圆形或不规则形，褐色，水浸状，病部凹陷，上面常有不规则形隆起轮纹，密生黑色小点，潮湿时，病斑表面溢出红色黏稠物，被害果内部组织半软腐，易干缩，致病部呈膜状，有的破裂。茎及果梗受害，病斑不规则，干燥时往往表皮开裂。

（2）传播途径。主要以拟菌核随病残体在地上越冬，也可以菌丝潜伏在种子里，或以分生孢子附着在种皮表面越冬，成为翌年初侵染源。越冬后的病菌，在适宜条件下产生分生孢子，借风雨传播蔓延，病菌从伤口和表皮侵入，借助气流、昆虫、育苗和农事操作传播并在田间反复侵染。发病后产生新的分生孢子进行重复侵染。调运未消毒的带菌种子，可以远距离传播此病害。

（3）发病规律。适宜发病温度 12～33℃，最适温度为 27℃，孢子萌发要求相对湿度在 95% 以上，温度适宜，相对湿度在 95% 以上，该病潜育期 3 天；湿度低，潜育期长，相对湿度低于 54% 则不发病。高温多雨则发病重。田间郁闭、长势衰弱、排水不良、种植密度过大、施肥不当或氮肥过多、地势低洼、土质黏重、管理粗放引起表面伤口，或因叶斑病落叶多，果实受烈日暴晒等情况，都会加重病害的侵染与流行。

（4）防治方法。

农业防治：选种抗病品种；无病株留种或种子温汤浸种，冲洗干净后催芽播种；轮作 2～3 年，前茬最好是瓜类蔬菜、豆类蔬菜；采用营养钵育苗，培育适龄壮苗；加强田间管理，避免栽植过密，定植前深翻土地，采用配方施肥技术，多施优质腐熟有机肥，增施磷、钾肥，提高植株抗病能力；采用高畦栽培、地膜覆盖；雨季注意开沟排水，并预防果实日灼；适时采收，发现病果及时摘除；果实采收后，清除田间遗留的病果及病残体，集中烧毁或深埋，并进行一次深耕，可减少初侵染源、控制病害的流行。

生物防治：有研究表明，堆肥茶对辣椒炭疽病有一定防效。内生枯草芽孢杆菌以及枯草芽孢杆菌脂肽类生物农药对炭疽病有较好的防治效果。

药剂防治：发病初期摘除病叶病果，而后喷药，可喷75%百菌清可湿性粉剂600倍液、57.6%冠菌清干粒剂1 000～1 200倍液、50%多菌灵可湿性粉剂500倍液、80%炭疽福美可湿性粉剂800倍液、70%代森锰锌可湿性粉剂500倍液或70%甲基托布津可湿性粉剂800倍液。每隔7～10天喷1次，连喷2～3次。

12. 污霉病

污霉病病原为辣椒斑点芽枝霉菌［*Cladosporium capsici* (Marchet Stey.) Kovachersky］，属半知菌亚门真菌。主要侵染甜椒、辣椒。

（1）症状识别。主要为害叶片，叶柄及果实。叶片染病，叶面初生污褐色圆形至不规则形霉点，后形成煤烟状物，可布满叶面、叶柄及果面，严重时几乎看不见绿色叶片及果实，到处布满黑色霉层，影响光合作用。致病叶提早枯黄或脱落，果实提前成熟但不脱落。

（2）传播途径。病菌以菌丝和分生孢子在病叶上或在土壤中及植物残体上越冬，翌年产生分生孢子，借风雨、粉虱等传播蔓延。

（3）发病规律。地势低洼、排水不良、连作以及田间湿度过高、粉虱多、管理粗放的田块发病严重。

（4）防治方法。

农业防治：选用抗病品种；实行轮作；深沟高畦、及时清沟排水，保持通风低湿；及时清除病残株，并带出田间集中烧毁；及时防治蚜虫、粉虱及介壳虫。

药剂防治：发病初期，及时喷洒50%苯菌灵可湿性粉剂1 000倍液、40%多菌灵胶悬剂600倍液、50%多霉灵可湿性粉剂1 500倍液，隔15天左右1次，视病情防治1次或2次。

13. 疫病

疫病病原为辣椒疫霉菌（*Phytophthora capsici* Leonian），属于鞭毛菌亚门的真菌。侵染辣椒、番茄、茄子等蔬菜。

（1）症状识别。主要为害叶片、果实和茎。幼苗期染病，多从茎基部开始染病，病部出现水渍状软腐，病斑暗绿色，病部以上倒伏死亡。成株的根、茎、叶、果实均可受害；主根染病初出现淡褐色湿润状斑块，逐渐变黑褐色湿腐状，可引致地上部茎叶萎蔫死亡；茎染病多在近地面或分叉处，先出现暗绿色、湿润状不定形的斑块，后变为黑褐色至黑色病斑，潮湿时病斑上出现白色霉层。病部常凹陷或缢缩，致使上端枝叶枯萎；叶片染病出现暗绿色圆形，边缘不明显的病斑，潮湿时，其上可出现白色霉状物，病斑扩展迅速，叶片大部软腐，易脱落，干后成淡褐色；果实染病多从蒂部开始，出现似热水烫伤状、暗绿至暗褐色、边缘不明显的病斑，潮湿时，病部扩展迅速，可使局部或整个果实腐烂，果上密生白色霉状物，逐渐失水后成为暗褐色僵果可残留在枝条上。

（2）传播途径。病菌以卵孢子或厚壁孢子随病残体在土壤中越冬，当条件适宜时，卵孢子萌发，长出孢子囊，孢子囊通过气流或风雨溅散及其他农事活动传播，萌发时产生多个游动孢子，游动孢子萌发后进行初侵染，初侵染发病后又长出大量新的孢子囊，通过传播，在一个生长季节可进行多次的再侵染。

（3）发病规律。病菌在最适宜温度为 20～30℃，空气相对湿度达 80% 以上时发病严重；管理粗放、杂草丛生、连作、低洼地、排水不良，氮肥使用偏多、通风透光性差、植株衰弱均有利于该病的发生和蔓延。在雨季或大雨过后天气突然转晴，气温骤升时，辣椒疫病极易暴发流行。

（4）防治方法。

农业防治：实行轮作；深翻土壤，结合深翻，配方施肥，土壤增施有机肥料，改善土壤结构；选用抗病品种，种子严格消毒，培育无菌壮苗；覆盖地膜，加强肥水管理，促进植株健壮；发病叶、果，摘除深埋，铲除病原。

药剂防治：发病初期可使用喷施68%精甲霜·锰锌水分散粒剂300倍液、72%克露可湿性粉剂400倍液或75%百菌清可湿性粉剂500～600倍液。上述药剂宜交替使用，隔7天喷1次，连续喷3～4次。

14. 疮痂病

辣椒疮痂病又名细菌性斑点病，病原为野油菜黄单胞辣椒斑点病致病型［*Xanthomonas campestris* pv. *Vesicatoria*（Doidge）Dye］，属细菌，侵染辣椒、茄子。

（1）症状识别。为害叶、茎、果实。叶片染病，初期呈水渍状黄绿色小斑点，扩大后呈不规则形，边缘暗绿色稍隆起，中间淡褐色、稍凹陷，表皮呈粗糙的疮痂状病斑。受害重的叶片，边缘、叶尖变黄，干枯脱落。如果病斑沿叶脉发生，常使叶片变成畸形。茎部感病，初期呈水渍状不规则的褐色条形斑，随后木栓化隆起，纵裂呈疮痂状。果实染病，出现圆形或长圆形的黑色疮痂病斑。潮湿时，疮痂中间有菌液溢出。

（2）传播途径。病原细菌主要在种子表面越冬，还可随病残体在田间越冬。病菌从叶片上的气孔侵入，在潮湿情况下，病斑上产生的灰白色菌脓借雨水飞溅及昆虫作近距离传播，带菌种子可作远距离传播。

（3）发病规律。此病为细菌性病害，高温多湿条件时病害发生严重，病菌生长适宜温度为27℃。湿度大、叶面结露、重茬地、排水不良发病重。

（4）防治方法。

农业防治：选用抗病品种；采用温汤浸种；实行非茄科2～3年轮作，结合深耕，以促进病残体腐烂分解，加速病菌死亡；适期定植，促早发根，合理密植，注意雨后排水、中耕松土，浇水、追肥，促进根系发育，提高植株抗病力；及时把病叶、病果、病株清除到田外，并深埋或烧毁。

药剂防治：发病初期和降水后及时喷洒农药，常用药剂有72%农用链霉素可溶性粉剂4 000倍液、新植霉素4 000～5 000倍液、2%多抗霉素800倍液、14%络氨铜水剂300倍液、27%铜高尚悬浮剂600倍液或60%琥铜·乙铝·锌可湿粉剂500倍液。每7天喷1次，连喷3～4次。

15. 果实黑斑病

果实黑斑病病原为 *Pseudomonas syringae* var. *capsici* 称绿黄假单胞菌，属荧光假单胞细菌。

（1）症状识别。此病斑只在果实上发生，且多于果实近成熟期至成熟时发生。果实上的病斑在干燥环境条件下形成暗绿色油渍状，直径2～3厘米或更大，逐渐变成褐色，细菌性坏死，斑形明显。遇到多雨天气或棚室内空气湿度过大时，整个果实除表皮外迅速腐烂。腐烂的果实有臭味。该病后期病部常被真菌交链孢二次侵染，容易误认为最初病原是交链孢真菌，而误诊误治。

（2）传播途径。病菌以菌丝体随病残体在土壤中越冬，条件适宜时为害果实引起发病。病菌多由伤口侵入，果实被阳光灼伤所形成的伤口最易被病菌利用，成为主要侵入场所，病部产生分生孢子借风雨传播，进行再侵染。

（3）发病规律。病菌喜高温、高湿条件，温度在23～26℃，相对湿度80%以上有利于发病。

（4）防治方法。

农业防治：与禾本科、白菜等十字花科蔬菜实行2～3年轮作；平整土地，垅作或高厢深沟栽植；雨后及时排水，防止积水，避免大水漫灌；加强肥水管理，促进植株健壮生长；进行地膜覆盖栽培，栽培密度要适宜；发病病果要及时摘除，收获后及时清除病残体或及时深翻。

药剂防治：种子消毒，播前用种子重量0.3%的50%琥胶肥酸铜可湿性粉剂或50%敌克松可湿性粉剂拌种；发病初期喷洒50%琥胶肥酸铜可湿性粉剂500倍液、72%农用硫酸链霉素可溶性粉剂或硫酸链霉素4 000倍液、47%加瑞农可湿性粉剂800～1 000倍液、30%碱式硫酸铜（绿得保）悬浮剂400倍液，隔7～10天1次，连续防治2～3次。

16. 青枯病

青枯病病原为青枯假单胞杆菌［*Pseudomonas solanacearum*（Smith）Smith］，属细菌。侵染辣椒、茄子、番茄等蔬菜。

（1）症状识别。坐果初期发病。发病株顶部叶片萎蔫下垂，随后下部叶片凋萎，最后中部叶片凋萎。发病初期植株中午萎蔫，早晚能恢复，拔出植株可发现多数须根坏死，茎基部产生不定根或不定芽，植株茎基部表面粗糙。在潮湿条件时，病茎上常出现水浸状条斑，后变褐色或黑褐色。纵剖茎部，可见维管束变褐。严重时横切面保湿后可见乳白色黏液溢出，有异味，用手拔起，需稍用力。几天后全株死亡。死株仍保持绿色，但色泽稍淡。

（2）传播途径。病菌可以同病株残体一同进入土壤。也可通过发病植株或某种杂草的根际进行繁殖。生存在土壤中的青枯病菌，主要是由移植、松土等农事操作造成的伤口或者是由根瘤线虫、蓝光丽金龟幼虫等根部害虫造成的伤口侵染植株，有时也会由无伤口细根侵入植株内发病。

（3）发病规律。病菌喜高温高湿环境，青枯病菌在10～41℃下生存，在35～37℃生育最为旺盛。一般从气温达到20℃时开始发病，地温超过20℃时十分严重。在高温高湿、重茬连作、地洼土黏、田间积水、土壤偏酸、偏施氮肥等情况下，该病容易发生。

（4）防治方法。

农业防治：提早播种，培育壮苗，避免发病高峰期与结果盛期相遇；选择排水良好的沙壤土栽培，给土壤消毒，保温保墒；实行非茄科作物三年以上轮作；应用高垄栽培，配套田间沟系，及时排水，降低田间湿度；增施磷、钙、钾肥料，促进植株生长健壮，抗病能力提高；整枝、松土、追肥等工作，应在发病期前完成，发病以后，不能松土锄草，可用手拔除，以免伤根；发现病株，及时拔除，防止蔓延。

药剂防治：每亩施熟石灰粉100千克，使土壤呈中性或微酸性，能有效抑制该病的发生；在发病初期施药。可选用72%农用硫酸链霉素4 000倍液、77%可杀得可湿性粉剂500倍液、50%代森锌可湿性粉剂1 000倍液或50%琥胶肥酸铜可湿性粉剂500倍液灌根，每株灌药液0.5升，每10天1次，连灌3~4次。

17. 早疫病

早疫病病原为茄链格孢［*Alternaria solani*（Ell. et mart.）Jones et Grout.］，属半知菌亚门真菌。这种病原可以侵染辣椒、番茄、茄子、马铃薯等蔬菜。

（1）症状识别。苗期发病多在叶尖或顶芽产生暗褐色水渍状病斑，引起叶尖和顶芽腐烂，手感滑溜，幼苗上部腐烂后，形成无顶苗，烂至苗床土面。病部后期可见墨绿色霉层。成龄植株发病时，多在叶片上产生许多水渍状病斑，叶上病斑圆形或长圆形，大小2~6毫米，黑褐色，具同心轮纹，病部下陷，稍有木栓化但不穿孔，引起落叶，发病组织表面可见墨色或黑色的霉层，严重影响光合作用。

（2）传播途径。以菌丝或分生孢子在病残体或种子上越冬。成为第二年的初侵染源。分生孢子萌发后从气孔、伤口或表皮侵入寄主，经 5 ~ 7 天即可产生大量分生孢子。通过气流、雨水进行多次重复侵染。在高温高湿的条件下病情发展较快。

（3）发病规律。温度在 26 ~ 28℃，空气相对湿度 85% 以上时易发病流行，北方炎夏多雨季节及保护地内通风不良时发病严重。

（4）防治方法。

农业防治：选用优良抗病品种；选择地势高、向阳、排灌方便、土壤肥沃、透气性好的无病地块；种子温汤浸种消毒；加强栽培管理，合理轮作，高畦种植，合理密植，注意开沟排水，适时整枝，有利于通风降湿。

药剂防治：发病初期喷施 64% 杀毒矾可湿性粉剂 500 倍液，或 72% 杜邦克露可湿性粉剂 600 倍液，用 75% 百菌清可湿性粉剂 600 ~ 800 倍液或 50% 托布津可湿性粉剂 600 倍液或 70% 代森锰锌 600 ~ 700 倍液，交替使用，每隔 7 ~ 10 天喷药 1 次，连续喷 2 ~ 3 次。

18. 细菌性叶斑病

细菌性叶斑病病原为丁香假单胞杆菌适合致病型 *Pseudomonas syringae* pv. *aptata*(Brown et Jamieson) Young. Dye&Wilkie，属细菌。

（1）症状识别。辣椒细菌性叶斑病主要为害叶片，成株叶片发病，初呈黄绿色不规则小斑点，扩大后变为红褐色、深褐色至铁锈色病斑，病斑膜质，大小不等。该病一旦侵染，扩展速度很快，一株上个别叶片或多数叶片发病，植株仍可生长，严重时叶片大部分脱落。细菌性叶斑病病健交界处明显，但不隆起，区别于辣椒疮痂病。

（2）发病规律。病菌生长发育适温为 25 ~ 28℃。高温高湿时蔓延快，排水不良、瘠薄缺肥地病害严重。前茬蔬菜收获后，土壤不进行深翻曝晒直接进行下一茬的栽培也容易引发病害。

（3）传播途径。病菌主要在种子及病残体上越冬，在田间借风雨或灌溉水传播，从辣椒叶片伤口处侵入。

（4）防治方法。

农业防治：选用无病优良品种；避免连作，实行合理轮作，与非茄科蔬菜轮作 2～3 年；前茬蔬菜收获后及时彻底地清除病菌残留体，及时深翻，结合深耕晒垡，促使病菌残留体腐解，加速病菌死亡；采用高垄或高畦栽培，覆盖地膜，雨季注意排水，避免大水漫灌。

药剂防治：播前用种子重量 0.3% 的 50% 琥胶肥酸铜可湿性粉剂或 50% 敌克松可湿性粉剂拌种；发病初期喷 50% 琥胶肥酸铜可湿性粉剂 500 倍液、72% 农用硫酸链霉素可溶性粉剂 4 000倍液、新植霉素 4 000～5 000倍液或 47% 加瑞农可湿性粉剂 600 倍液，每 7～10 天 1 次，连续防治 2～3 次。

19. 脐腐病

（1）症状识别。脐腐病属于生理病害。果实脐部呈水浸状，病部暗绿色或深灰色，随病情发展很快变为暗褐色，果肉失水，顶部凹陷，一般不腐烂，空气潮湿时病果常被某些真菌所腐生，表面变为黑褐色或黑色。

（2）发病规律。土壤盐基含量低，酸化，尤其是沙性较大的土壤供钙不足。在盐渍化土壤上，根系对钙的吸收受阻；施用铵态氮肥或钾肥过多时也会阻碍植株对钙的吸收；在土壤干旱，空气干燥，连续高温时易出现大量的脐腐果。干旱条件下供水不足，或忽旱忽湿，使辣椒根系吸水受阻，由于蒸腾量大，果实中原有的水分被叶片夺走，导致果实大量失水，果肉坏死，导致发病。

（3）防治方法。

农业防治：配方施肥，适当多浇水，雨后及时排水；多施腐熟的有机肥，改良土壤性能，增强其保水能力；辣椒带坨移植，不伤根，适时摘心；果实膨大期为防止土壤温度过高，可在地面铺稻草或覆盖塑料薄膜。

药剂防治：进入结果期后，每7天喷1次0.1%～0.3%的氯化钙或硝酸钙水溶液。也可连续喷施钙肥，可避免发生脐腐病。

20. 日灼病

（1）症状识别。日灼病属于生理病害。幼果和成熟果均可受害。果实向阳面被太阳照射灼伤，初期褪绿变硬，出现白色圆形或近圆形小斑，以后病部果肉失水变薄，呈白色革质状，继而病部扩大，稍凹陷，组织坏死变硬，易破裂。病部易受病菌感染，生长黑色或粉色霉层，甚至腐烂。

（2）发病规律。由于太阳直射，使表皮细胞灼伤而引起的生理性病害。有时果实日灼斑发生在果实其他部位，这往往是因雨后果实上有水珠，天气突然放晴，日光分外强烈，果实上水珠如同透镜一样，汇聚阳光，导致日灼，这种日灼斑一般较小。在天气干热、土壤缺水，或忽雨忽晴、多雾等条件下容易发病。栽植过稀，缺少水肥，植株生长不良，病虫造成缺株，或引致植株早期落叶，则发病较重。

（3）防治方法。

农业防治：因地制宜选用耐热品种；适当密植，避免阳光直射果实。阳光照射强烈时，可采用部分遮阴法，或棚内可使用遮阳网。移栽大田时采用双株合理密植，避免高温为害；与玉米等高秆作物间作；加强肥水管理，促进植株枝叶繁茂。

药剂防治：及时防治病毒病、炭疽病、细菌性疮痂病、红蜘蛛等病虫害（参见各病虫害防治），防止植株受害而早期落叶，以减少日灼果状况的发生。

七、辣椒系列加工技术

辣椒富含辣椒碱、二氢辣椒碱、辣椒红素、辣椒玉红素、β-胡萝卜素、碳水化合物、大量的维生素C以及钙、磷等。其中，辣椒红素、辣椒玉红素已被联合国粮食及农业组织(Food and Agriculture Organization，简称FAO)、世界卫生组织(World Health Organization，简称WHO)、欧洲经济共同体(European Economic Community，简称EEC)、美国、英国、日本和中国国标等国家和组织审定为无限制性使用的天然食品添加剂，在国际市场非常紧俏。辣椒碱和二氢辣椒碱是辣椒中的辛辣成分，具有生理活性和持久的消炎镇痛作用，内服可以促进胃液分泌，增进食欲，缓解胃肠胀气，改善消化功能和促进血液循环；外用可以用于治疗牙痛、肌肉痛、风湿病和皮肤病等疾病，对治疗神经痛有显著疗效。

对红辣椒进行分离提取，除可得到无味辣椒红色素和辣椒碱等产品外，其提取后的残渣也可作辣椒油、辣椒粉和饲料等，其营养价值可与谷物媲美，可制作成多种食品。因此，对辣椒进行深加工综合开发利用，能大大提高它的社会效益和经济效益。国内外辣椒的加工食品种类繁多，其加工制作技术亦在不断改进之中。

（一）辣椒初级加工

辣椒的主要特点是辣，辣椒中含有1.5%左右的辣味素，辣味素的主要成分是辣椒碱，对人的味觉呈现非常刺激性的辣味，因此，辣椒的食用主要是以调味料的形式作用于食品，使食品具有人们所理想的辣味。辣椒尤其是鲜辣椒既是调味料又是蔬菜，也含有丰富的营养物质，在用作调味料的同时，还可以当作蔬菜来食用。

辣椒加工就是以辣椒作为主要原料，运用各种不同的方法，添加和配伍各种调味料和香辛料及一些食物加工制成的辣椒制品，其制品既可以作为调味料应用于食品烹调和食品加工，也可以直接作为辣椒菜食用。

1. 辣椒粉

工艺流程：干辣椒—挑选、剪蒂—烘烤（暴晒）—粉碎—过筛—搅拌—包装—装箱—成品。

制作方法和工艺技术要求：

（1）辣椒干原料要求辛辣味重，成熟度好，色泽鲜红，无腐烂、变质和其他异味，含水量17%以下的自然干或烘干椒。

（2）挑选出变质、黄、白椒及其他杂质，除去蒂把。

（3）按干制要求进入烘炉烘干；也可曝晒干，曝晒场地要求干净、卫生、无杂质、无污染，每天翻动2～3次，摊厚15～20厘米，水分烘或暴晒至10%以下，手捏椒条能碎开即为合适含水量。

（4）用粉碎机、磨粉机或人工粉碎，椒籽要破碎，以利于放香。

（5）碎片状用14目筛过，粉状用24目筛过，面状用40目筛过，筛剩的要重新粉碎再过筛。

（6）过筛后要在大容器内翻搅拌匀。

（7）按不同包装物的规格进行装填、称量、定量、包装。要求密封，透气性小，透光性不好，包装图案设计要美观、醒目、大方。

辣椒粉的加工要注意最好烘干，烘烤后期烘房温度应在

80～85℃，保持2～4小时以上，这样才能杀灭虫卵，塑料袋包装要选择多层复合薄膜袋，这样的袋子透湿性小，以免储藏期间吸湿霉变，同时也可以防止出虫。

2. 辣椒块

辣椒块也叫香辣块、辣椒砖，是以辣椒粉为主要原料，添加其他配料，经挤压成型制成。

工艺流程：原料—拌料—挤压成型—涂油—包装—成品。

配方：辣椒粉100千克，甜面酱15千克，精盐2.5千克，黄酒2千克，白糖0.5千克，红曲0.7千克，香油1千克。

制作方法和工艺技术要求：

（1）辣椒粉按制粉类要求磨成可过60目筛的细粉。

（2）按配比将食盐、白糖溶于黄酒中，然后与甜面酱搅拌均匀制成调味酱。

（3）将红曲磨成细粉过60目筛与辣椒粉拌和均匀，然后加入调味酱，搅拌拌和均匀成泥状。

（4）将搅拌好的辣椒泥在长宽高为6厘米×3.5厘米×1.8厘米的铁框内，用螺旋压力机挤压成重量为50克的方块。

（5）将香油涂到成型的辣椒块表层，做到六面见油，润而不滴。

（6）用两层透明纸包装辣椒块后，装盒、装箱，即为成品。制好后的成品表层深红色，色泽油亮，内部枣红色，具有酱香和芝麻油香气，味鲜微甜，咸辣适口，酱味醇厚，块型整齐，半干态、油润。也可添加5%以下的各种香辛料粉制成不同风味的辣椒块。

3. 油泼辣椒

油泼辣椒是以辣椒碎片、辣椒粉为主料，添加其他调味料用热油进行热处理和调和制成。

工艺流程：干辣椒—挑选、去杂、摘蒂—烘烤（喷油）—粉碎—过筛—混合搅拌—加热熬油—油泼—包装—灭菌—装箱—成品。

配方：辣椒碎片（14 目筛孔筛过）、辣椒粉（24 目筛孔筛过）、辣椒面（40 目筛孔筛过）100 千克，精盐 20 千克，食用油 115 千克。

制作方法和工艺技术要求：

（1）辣椒粉、配料的原料准备和辣椒粉要求相同，总的要求去异、去杂、干净卫生。

（2）烘烤要求水分烘至 8% 以下，烘炉时喷淋总料量 3% 的食用植物油，以利传热、放香和护色。

（3）根据不同地区食用习惯粉碎后过筛，碎片状用 14 目筛过，粉状用 20 目筛过，面状用 40 目筛过，粉碎时要保证椒籽全部破碎，有利于增香。

（4）按配方称好辣椒粉和食盐混合均匀。

（5）油用容器加热至 220℃，至油冒大烟，然后将油分次泼入拌好的料中，一边泼，一边搅拌，直至油料拌和均匀，用油量掌握在油、料比为（1～1.2）：1。

（6）油泼好后趁热尽快装瓶，瓶子最好用易开启的四旋盖瓶，要预先洗净烘干，装好后过称定量，然后手拿瓶在软垫上敦实，表面上浮出油 3～5 毫米为好，如无油需另加热后的熟油，要旋紧瓶盖。

（7）装瓶后趁热将瓶放入 85～95℃水浴中灭菌 30～40 分钟，要保证瓶中料温在 80℃以上灭菌 20 分钟以上。

（8）灭菌后晾干瓶子表面水分，贴上美观、醒目的商标和食品标签，装箱即为成品。

4. 辣椒脆片

工艺流程：原料—去筋、籽—切片—浸渍—沥干—真空油炸—脱油—冷却—包装。

制作方法和工艺技术要求：

(1) 原料。选择八九成熟，无腐烂、虫害，个大、肉实新鲜的青椒和红椒为原料，用清水洗去泥沙及杂物备用。

(2) 去筋、籽。辣椒纵向切两半，挖去内部的筋、籽，再用清水冲洗，沥干。

(3) 切片。将去筋、籽的辣椒切成长4厘米左右，宽2厘米左右的片状，太长、太宽往往会变形，在加工过程中都易破碎。

(4) 浸渍。将切分好的辣椒投入糖液中浸渍，糖液由15%的白糖、2.5%的食盐及少量的味精混合溶于水制作而成，糖液温度为60℃，浸渍时间为1～2小时。

(5) 沥干。用洁净水把附在辣椒片表面的糖液冲去沥干。

(6) 真空油炸。将沥干的辣椒片放入真空油炸机中进行真空油炸，真空度不宜低于0.08兆帕，温度控制在80～85℃，油炸时间与辣椒片的品种、质地、油温、真空度有关。具体做法为通过真空油炸机的观察孔看到辣椒片上的泡沫几乎全部消失为止。

(7) 脱油。有的真空油炸机具有油炸、脱油的双重功能，不具备脱油功能的需由离心机除去辣椒片中的多余油分。

(8) 冷却。将脱油后的辣椒片迅速冷却到40～50℃，尽快送入包装间进行包装。

(9) 包装。按片形大小、饱满程度及色泽分选和修整，经检验合格，在干燥的包装间按一定重量用真空充气包装，即为成品。

(二) 辣椒精深加工

辣椒的精深加工就是根据已经研究分析出辣椒中有实用价

值的化学成分，采用适用的技术和设备将其分离出来，然后再进行工艺处理，使各种专一的成分具有实用性，以各自的特性发挥专门的作用。精深加工产业主要形成了辣椒红色素、辣椒精、辣椒籽油、辣椒渣、添加剂等产业格局。随着辣椒系列新产品的深度开发及其在医药、食品、农业、军事、化工等领域的应用，尤其是高纯度辣椒碱类化合物晶体的提取成功及应用，使辣椒产业发展进入了一个新的历史阶段。

1. 辣椒红色素的提取

辣椒红色素，别名辣椒色素，主要成分为辣椒红素和辣椒玉红素，是具有特殊气味的深红色黏性油状液体，无辣味，有辣椒的香味，溶于大多数非挥发性油，不溶于水和甘油，部分溶于乙醇，耐热和耐酸碱性较好，对可见光稳定，但在紫外线下易褪色。纯的辣椒红色素为深胭脂红色针状晶体，易溶于极性大的有机溶剂，与浓无机酸作用显蓝色。用在食品添加剂等方面的辣椒红素为暗红色油膏状，有辣味，无不良气味。辣椒红色素具有不溶于植物油和乙醇，在碱性溶液中溶解性大，耐酸碱，耐氧化等性质，在分离提取时可利用这些性质使辣椒红色素与其他成分分离，而得到纯度较高的提取物。目前，常见的提取辣椒红色素的方法大致分为3种：油溶法、溶剂法和超临界流体萃取法。

（1）油溶法。油溶法是指在常温下用呈液状的食用油如棉籽油，豆油，菜籽油等浸渍辣椒果皮或干辣椒粉，使辣椒红色素溶解在食用油中，然后通过一定的工艺流程从食用油中提出辣椒红色素。但是由于油与色素分离较困难，使得辣椒红色素物质提取率低，难以得到色价高的产品。

（2）溶剂法。溶剂法是指将去除次品杂质的干辣椒磨成粉后，在一定温度条件下用有机溶剂如丙酮、乙醇、乙醚、氯仿、三氯乙烷、正己烷等进行浸提，将浸提液浓缩得到粗辣椒油树脂，减压蒸馏得粗制品。但这种粗制品含杂质多，同时还带有辣椒特有的辣味，为此需采用多种改进方法，以消除杂质及异味。其主要方法有：

①先将粗制的辣椒油树脂进行蒸汽蒸馏，去除辣椒异味，再用碱水处理，有机溶剂提取，蒸馏得到辣椒红素；或先用碱水处理辣椒油树脂，然后用溶剂提取，浓缩，添加与油溶法相同的食用油，再用蒸汽蒸馏以除去异味。

②在辣椒油树脂中加入脂肪醇与碱性物质如甲醇—甲醇钠，乙醇—乙醇钠，正丙醇—正丙醇钠，异丙醇—异丙醇钠，丁醇—丁醇钠等，通过这些碱性物质的催化作用，促使辣椒油树脂中的脂肪成分发生酯交换反应，然后蒸馏过量的醇，再将留下的椒渣中加水或食盐水，用酸调至中性，分层，油层中加入非极性或低极性溶剂，如正己烷，石油醚，析出固体，过滤得到辣椒红素，该法制出的辣椒红素质量上乘且无异味。

③先以 15% ~40% 的 NaOH（或 KOH）溶液处理辣椒油树脂，使辣椒红素中的脂肪成分发生皂化反应，再用有机溶剂如丙酮进行提取浓缩，然后用蒸汽蒸馏或在减压下用惰性气体处理即可得到无异味的辣椒红素。此法所制出的辣椒红素收率高，质量好，生产安全简便易行。

④该方法是以 20% 的碱性金属化合处理辣椒油树脂，然后再加入适量的碱土金属化合物，使其形成一个水溶液体系，该水溶液体系以稀酸在室温下处理，形成盐后过滤，分出固体，水洗，再用有机溶剂提取，减压浓缩可得辣椒红素，所得的产品质地优良无异味。

（3）超临界 CO_2流体萃取法。超临界流体萃取法是食品工业新兴的一项萃取和分离技术，与传统的化学溶剂萃取法相比，其优越性是无化学溶剂消耗和残留，无污染，避免萃取物在高温下的热劣化，保护生理活性物质的活性及保持萃取物的天然风味等。该技术是利用超临界 CO_2作为萃取剂，从液体或固体物料中萃取，分离和纯化物料。国内外的研究结果表明，用超临界 CO_2 流体萃取法脱除辣椒色素中的残留溶剂，制备高浓度辣椒红色素是成功的，可行的。超临界 CO_2 流体纯化辣椒红色素，使产品符合FAO/WHO标准的最佳工艺条件是萃取压力18兆帕，萃取温度为25℃，萃取剂流量2.0升/分钟，萃取时间3小时。研究表明，精制辣椒红色素时，萃取压力控制在20兆帕下，辣椒红色素的色价几乎不受损失，辣椒色素中红色系色素和黄色系色素可以分离开，但未达到期望的完全分离。在小于10兆帕压力下可萃取出黄色成分，保留红色素，同时，当压力大于12兆帕时，可将辣椒油树脂的红色组分基本萃取完全。本法是一种先进的提取方法，但还有待于进一步完善。

2. 辣椒碱的提取

辣椒碱和辣椒二氢碱是辣椒中引起辛辣味的主要化学物质，低浓度的产品形式如辣椒精、辣素作为食品添加剂被广泛用于食品工业中。而当它们进一步纯化后，便具有许多生理活性，且具备强而持久的消炎镇痛作用。

辣椒碱的提取通常是采用有机溶剂抽提的方法。常用的有机溶剂有低级醇类、丙酮等，抽提液浓缩后即得含辣椒碱的浸膏，研究表明，用不同乙醚分布提取辣椒碱，用低浓度的乙醇提取所得的产品色素含量低，使产品的进一步分离纯化得到简化。

辣椒碱的分离纯化可采用酸碱处理以及层析处理并结合重结晶的方法，制得的成品无异味，辣椒碱含量高，并且该生产方法简单，成本低，易于大规模生产。也有专利报道，可采用柱色谱分离方法分离高纯度的辣椒碱，吸附剂有硅胶、氧化铝和高分子树脂等。

目前，超临界流体萃取法已在辣椒碱的提取研究方面得到了应用。将辣椒精加入超临界 CO_2 萃取釜中，在加入夹带剂的情况下，用超临界 CO_2 萃取分离，各项经浓缩后，溶解、再精细过滤，滤液静置后，可析出粗辣椒碱晶体，过滤、烘干后可得到辣椒碱晶体，纯度可达96%。研究结果表明，超临界 CO_2 流体萃取方法得到的产品纯度以及辣椒碱的提取率均高于有机溶剂提取法。

3. 辣椒籽油的提取

从干辣椒中提取辣椒籽油可以采用压榨法、有机溶剂萃取法和超临界 CO_2 流体萃取方法。

辣椒籽中粗纤维含量高达73%，用冷压的方法可能使出油率降低。由于油质为非极性物质而辣素为极性物质，所以可以采用有机溶剂萃取法。

超临界 CO_2 流体萃取方法近年来已应用到一些油品的提取上，辣椒籽中油脂和辣素分子量分别为880和305，二者极性相差又很大，因此，可以采用此法进行提取。具体来说，可以在较低的温度和压力下，将辣素萃取并分离出来，再升高温度和压力，萃取出油脂，通过二级萃取和分离得到辣素和油脂。

附　　录

干椒中辣椒红色素快速提取与测定标准

1　范围

本标准规定了辣椒红色素提取涉及的有关术语和定义、测定原理、测定试剂与仪器设备、测定方法、结果计算。

本标准适用于干椒中辣椒红色素快速提取与测定。

2　规范性引用文件

GB 10783—2008 中华人民共和国标准中 食品添加剂 辣椒红

DB 43/T267—2005 湖南省地方标准 干辣椒

3　术语与定义

下列术语与定义适用于本标准。

3.1　干椒

大田中采集的新鲜红辣椒放入60℃烘箱中烘干至恒重的产品。

3.2　取样

从一批辣椒中按随机原则抽取一定数量并具有代表性的样品。

4 原理

以丙酮为提取溶剂，超声波法提取红干椒中的辣椒红色素，采用分光光度计法检测红色素提取液吸光度，并计算红色素色价。

5 试剂

5.1 超纯水

符合 GB/T 6682 一级水

5.2 丙酮：GB 686

6 仪器和设备

6.1 电热恒温鼓风干燥箱

6.2 电动粉碎机（≥40 目）

6.3 分析天平（精确度：0.000 1g）

6.4 紫外可见分光光度计

6.5 超声波清洗器

6.6 刻度容量瓶（10ml、50ml、100ml 具塞容量瓶）

6.7 移液管（2ml、5ml、10ml 量程）

6.8 定量滤纸

6.9 40 目筛

6.10 漏斗及漏斗架

7 测定方法

7.1 样品前处理

取新鲜红椒，湿纱布拭去表面灰尘后放入 60℃ 干燥箱中烘干至恒重，取一定数量红干椒去柄去籽，用粉碎机磨成过 40 目筛的粉末，收集干辣椒粉备用。红干椒取样量由其长度决定，长度为 3～6cm 的小辣椒取 30 个样，长度为 6～9cm 的中辣椒取20个样，长度大于9cm的大辣椒取15个样。

7.2　萃取辣椒红色素

准确称取1.000 0g辣椒粉末于100ml的容量瓶中，往容量瓶中加入丙酮至刻度线处，置于超声波清洗器中提取辣椒红色素，超声完后用定量滤纸过滤，收集滤液，得辣椒红色素提取液。超声参数设为超声温度42℃、超声时间20min，超声功率60W。

7.3　测定色价

准确吸取5ml提取液，丙酮稀释至50ml，取2～3ml稀释液放入光径1cm比色皿中，用丙酮做参比液，于分光光度计460nm波长处测定其吸光度。

计算公式：$E_{1cm}^{1\%}460nm = Af/M$

式中：$E_{1cm}^{1\%}460nm$—被测试样为1%，采用1cm比色皿，在最大吸收峰460nm波长处的吸光度；E—色价；A—实测试样的吸光度；f—稀释倍数；M—试样质量。

注：辣椒红色素稀释液比色液吸光度应在0.30～0.70范围内，如果比色液的A值大于0.70，则需要用丙酮再对提取液进行稀释，若比色液的A值小于0.30，则须弃去，用较大试样量重新制备比色液。

（本标准由湖南省蔬菜研究所、湖南省蔬菜工程技术研究中心制定）

红干椒中辣椒素快速提取与测定标准

1　范围

本标准规定了辣椒红色素提取涉及的有关术语和定义、测定原理、测定试剂与仪器设备、测定方法、结果计算。

本标准适用于红干椒中辣椒素快速提取与测定。

2　规范性引用文件

DB43/T 275—2006 湖南省地方标准 辣椒素测定及辣度表示方法

DB43/T 267—2005 湖南省地方标准 干辣椒

3　术语与定义

下列术语与定义适用于本标准。

3.1　红干椒

大田中采集的新鲜红椒放入烘箱中烘干至恒重的产品。

3.2　辣度

辣椒的辣味强弱程度，用 Scoville Heat Units（SHU）指数表示。

4　原理

以甲醇为提取溶剂，超声波法提取红干椒中的辣椒素，采用试剂盒法测定提取液吸光度值，并计算 SHU 值。

5　试剂

5.1　超纯水：符合 GB/T 6682 一级水

5.2　甲醇：GB 686

5.3 辣椒素试剂盒

6 仪器和设备

6.1 电热恒温鼓风干燥箱

6.2 电动粉碎机（≥40 目）

6.3 分析天平（精确度：0.000 1g）

6.4 酶标仪

6.5 超声波清洗器

6.6 刻度容量瓶（10ml、50ml、100ml 具塞容量瓶）

6.7 移液管（2ml、5ml、10ml 量程）

6.8 定量滤纸

6.9 40 目筛

6.10 漏斗及漏斗架

7 测定方法

7.1 样品前处理

取新鲜红椒，湿纱布拭去表面灰尘后放入 60℃ 干燥箱中烘干至恒重，取一定数量红干椒去柄去籽，用粉碎机磨成过 40 目筛的粉末，收集干辣椒粉备用。红干椒取样量由其长度决定，长度为 3～6cm 的小辣椒取 30 个样，长度为 6～9cm 的中辣椒取 20 个样，长度大于 9cm 的大辣椒取 15 个样。

7.2 萃取辣椒素

a. 准确称取 0.100g 辣椒粉末于 10ml 的容量瓶中，往容量瓶中加入甲醇至刻度线处，置于超声波清洗器中提取辣椒素，超声完后用定量滤纸过滤，收集滤液，再往滤渣和滤纸中重新加入 10ml 甲醇，使用超声波清洗器重提 1 次，用定量滤纸过滤，收集滤液，将 2 次收集的滤液混合，得辣椒素提取液。超声参数设为超声温度 60℃、超声时间 15min，超声功率 60W。

b. 用移液枪准确吸取 30μl 辣椒素提取液加至 30ml 甲醇

中，稀释辣椒素提取液。

c. 取20ml 10倍稀释液（试剂盒中已配）到180ml纯净水中，混匀，得样品稀释液，备用。

d. 取100μl系时候的辣椒素提取液加入到0.9ml样品稀释液中，得辣椒素待测液。

7.3　辣椒素检测方法

a. 取适量的孔条固定在微孔板架上，确定未使用的孔条与干燥剂一同放入密封袋中保存，分别加入100μl的样品及标准品到相应的孔中，注意使用一次性吸头防止交叉污染。

b. 加入100μl酶标记物至微孔中，轻微振荡微孔板，室温下孵育30min后，倒掉微孔中溶液，往微孔中注满纯净水，再倒掉，重复4次，共洗板5次，最后一次清洗完后，倒掉孔中溶液，然后翻转微孔板在吸水纸上拍干。

c. 加入100μl的底物溶液至微孔中，室温下孵育10min后，往每孔中加入100μl停止液。

d. 将微孔板放入酶标仪中于450nm波长处读取吸光度值。

7.4　辣椒素含量计算方法

a. 标准曲线的绘制：以标准浓度的自然对数为X轴，标准品的吸光率为Y轴绘制标准曲线图，并求得线性回归方程，以$Y=aX+b$形式表示。

b. 样品的辣椒素浓度计算：样品中辣椒素浓度（ng/ml）=EXP（辣椒素样品吸光率$-b/a$）。

c. 辣椒素含量计算：辣椒素含量（mg/g）=样品中辣椒素浓度×稀释倍数/10^6·辣椒质量。

d. SHU的换算：SHU=样品中辣椒素浓度×稀释倍数×16/10^3。

注：辣椒素待测液比色时吸光度应在标准曲线范围内，如果比色液的A值大于标准曲线范围，则需要用甲醇再对待测液进行稀释，若比色液的A值小于标准曲线范围，则须弃去，用

较大试样量重新制备待测液。

（本标准由湖南省蔬菜研究所、湖南省蔬菜工程技术研究中心制定）

大蒜、辣椒间作套种模式

小麦、辣椒间作套种模式

辣椒、玉米间作套种模式

辣椒工厂化育苗

辣椒小拱棚育苗

加工型辣椒田间生长情况

辣椒圈

辣椒丝

鲜椒酱系列产品

辣椒色素